推动中国建筑业进入智慧建造时代！

[illegible]

BIM改变建筑业

CHANGING CONSTRUCTION: THE POWER OF BIM

杨宝明 著

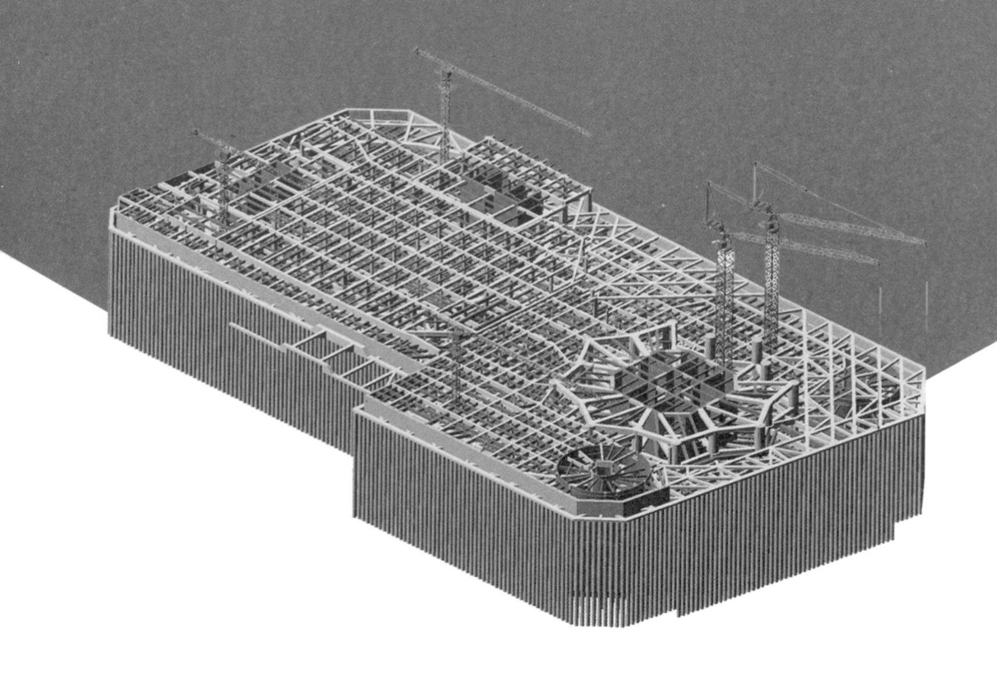

中国建筑工业出版社

图书在版编目（CIP）数据

BIM改变建筑业／杨宝明著．—北京：中国建筑工业出版社，2017.1

ISBN 978-7-112-20135-8

Ⅰ.① B… Ⅱ.①杨… Ⅲ.①建筑设计—计算机辅助设计—应用软件 Ⅳ.① TU201.4

中国版本图书馆CIP数据核字（2016）第287536号

本书结合国内建筑业的特点、形势，对BIM技术在建筑行业的应用进行了探讨，剖析BIM应用价值，应用策略，技术投入和发展困境的解决方法，提出BIM改变建筑业转型升级新思维。

本书分为六大篇章，第一篇用最简单、精炼的语言解读了什么是BIM；第二篇从政策文件的支持、BIM本身的特点分析我们为什么要推广BIM技术；第三篇分别详述了业主、施工企业、造价咨询企业BIM应用的价值；第四篇探讨了制约BIM技术发展的关键问题；第五篇分析了企业在BIM落地的过程中BIM咨询公司的作用及目前咨询业界存在的问题；第六篇展望了BIM应用的未来。

作者作为建筑行业资深专家，有着多年的项目管理与企业管理经验，对建筑行业有独到的见解，分析视角新颖。本书不同于一般从技术层面讨论BIM应用的书籍，而是站在企业角度对于BIM的价值与未来发展结合方向进行了剖析，内容极具洞察力及启发性，对于建筑行业从业人员、建筑企业管理人员和BIM研究学者都极具参考价值。

责任编辑：王砾瑶　范业庶
责任校对：李欣慰　李美娜

BIM改变建筑业

杨宝明　著

*

中国建筑工业出版社出版、发行（北京西郊百万庄）
各地新华书店、建筑书店经销
北京京点图文设计有限公司制版
北京市密东印刷有限公司印刷

*

开本：787×960毫米　1/16　印张：14½　字数：219千字
2017年1月第一版　2017年11月第三次印刷
定价：48.00元

ISBN 978-7-112-20135-8
（29616）

序一　能落地的 BIM 才是好 BIM

中国建筑业协会副会长
贵州建工集团有限公司
董事长、党委书记
——陈世华

新常态下的中国建筑业增速大幅下滑，新开工项目大量减少、劳动力成本一路高涨、利润越来越低、建筑工业化进程加快、“营改增”引发新考验……建筑行业面临着历史以来的最大挑战。如何转型升级、如何突破重围，确实需要更新的思维与视角，BIM 技术无疑是一个必须利用的支撑手段。

住房城乡建设部最近发布的“十三五”《2016 ~ 2020 年建筑业信息化发展纲要》，再次将 BIM 技术列为中国建筑业信息化发展的重中之重，相比“十二五”《纲要》住房城乡建设部更加强调 BIM 的重要性和地位。

贵州建工初次接触鲁班 BIM 技术，是 2014 年 7 月集团下属成都分公司与鲁班合作在成都军区总医院住院综合楼新建工程上应用 BIM 技术。这是贵州建工第一次 BIM 试点的应用，合作双方非常重视本项目的 BIM 技术应用，鲁班软件也选派各专业技术实力最强的 BIM 顾问驻场。最后军区医院提前 2 个月完工，并取得较好的综合效益，鲁班的 BIM 技术功不可没。

鲁班的 BIM 技术，不是为了炫三维效果，而是侧重于为施工企业提供项目精细化管理的支撑。鲁班 BIM，是以数字模型为核心载体的交互式项目过程管理平台，有两大要素，一个数字模型，一个交互平台。可以说，鲁班 BIM 脱去了华丽的外衣，在专业软件的基础上发展出适合中国国情的“建造阶段应用的专业 BIM 平台”，也让这种好工具落了地。

初尝甜头后，因本项目的成功应用，贵州建工开始在集团各子公司全面推广，集团采购了鲁班的企业级 BIM 系统，同时集团下属一公司、二公司、五公司、六公司、八公司等都与鲁班签署了 BIM 项目的咨询服务。通过将近一年的运用，BIM 在集团各子公司试点项目上的成本控制、技术审核、进度优化、质量安全管理、机电管线优化等方面都起到较好的效果，同时通过企业级 BIM 平台初步运用，BIM 平台在数据、技术和协同管理三个方面对公司的各职能部门的运营起到较好的支撑作用。

但 BIM 还是个新生事物，我们在推广应用的过程中，也碰到一些困难，如何提升不同建模软件的数据共享效果，现场团队如何更快成长独立应用，BIM 应用的运作机制该如何设计等。但我也认为这是发展中的必然问题，也是 BIM 发展必然要迈过的坎，鲁班 BIM 团队也在为我们出谋划策。我始终相信，随着 BIM 技术的日渐成熟，BIM 应用的不断深入，正如杨博士所言，BIM 将成为建筑行业的操作系统，成为每位建筑行业人员的工作方式。

对于企业而言，能落地的 BIM 才是最有价值的 BIM，这也是鲁班 BIM 最大的优势。得益于杨博士对于行业的高度理解与深度研究，真正了解 BIM 技术及其利用价值，BIM 技术在应用中如何真正落地，建筑企业又如何通过 BIM 技术改革、创新、谋求发展，杨博士的这本《BIM 改变建筑业》，相信能解决您的很多困惑，带给您真正需要的 BIM 思想，也能解决您企业和事业中的一些矛盾和问题！

序二　迎接 BIM 技术变革

中天建设集团总工程师
—— 蒋金生

建筑企业要实行集约化的信息化管理、精细化管理、透明化管理，BIM 技术应是最好的工具之一。

杨宝明博士带领下的鲁班软件团队自 1999 年开始研发推广 BIM 技术已经进入第 18 个年头。作为国内最早 BIM 技术的研发者之一，鲁班软件团队长期聚焦在 BIM 技术的研发和推广，实属难能可贵。BIM 技术体系庞大、技术复杂，研发和推广投入巨大；再加 BIM 带来的透明化管理，导致利益重新分配；其所引起的阻力也很大。杨宝明博士通过近 20 年的坚持和努力，使鲁班 BIM 成为行业的佼佼者。

目前市场上，很多 BIM 书籍都是从技术层面讨论设计和施工过程中的 BIM 技术应用，很少有站在战略实施层面、企业经营层面来分析 BIM 技术对企业的变革的影响，杨宝明博士的《BIM 改变建筑业》正好填补了建筑企业在战略和经营层面 BIM 技术应用的空白。

这本书是杨博士继《突破重围》之后的又一佳作，延续了其“犀利”的风格，从 BIM 技术本质入手，深度剖析当前中国建筑企业战略转型在运营层面的突围之路，很有前瞻性。相信杨博士的这本《BIM 改变建筑业》能解答您的很多困惑，并最终支持企业转型升级！

序三　BIM技术是建筑产业链的核心

国际知名BIM专家、教授

——王翔宇

王翔宇教授目前担任澳亚联合BIM研究中心主任，科廷－澳能建造与项目管理领域首席教授，澳大利亚科廷大学建筑环境学院教授，工程可视化国际期刊主编等。

从2002年建筑信息模型（Building Information Modeling，或简称BIM）这一名词被引入世界建筑业之后，它开始变成建筑业内研究者和从业人员尝鲜者之间的流行语，包括设计、施工、运营等所有层面。世界上的建筑、工程设计、建造咨询公司的多数领航者也都已经在BIM各个应用阶段进行着不断的探索和总结。从初期的以CAD为基础的二维绘图到以BIM为工具的三维建模转变；至中期BIM作为技术和信息的载体，为工程领域服务了更多地可实施性的技术解决方案；到如今更多以BIM为信息和数据平台的应用和研究，已经超过它在字面上的意义，BIM最超凡的地方就是它在改变着一个长久以来难以撼动的产业文化。

要铭记于心的是，对于企业，BIM并不仅是一项技术变革，同时也是流程、商业模式和产业模式上的变革。BIM在技术上改变的不只是建筑绘图，还有可视化的创造方式以及工程数据信息的集成应用载体；在流程上，BIM不断地在帮助优化企业内设计、施工、运维等各个阶段的应用及操作流程，以及企业与客户之间，企业与政府之间的需求及合作方式；在商业和产业模式中，BIM既作为建筑产业链的核心，同时也作为商业平台发展和产业升级的基础。

对于未来建筑业，人与自然和建筑的融合与共生应该是在技术、管理、产业变革基础上希望达到的需求状态，未来整个行业不仅仅追求现阶段模块化拼装的高生产效率和产业集群下高经济效益的建造和管理模式，也许真正需求的是建筑由外及内的基因变革。当建筑业能够基于现有数据的分析与预测，提供给人与自然及社会不断进行着功能、物质、经济变化的建筑时，建筑即将种子扎根于人与自然的需求的土壤之中。然而这就是我们寄予 BIM 所能够带给世界及建筑业未来的改变。

鉴于在国内 BIM 研究及应用领域对于 BIM 改变建筑业的思考层面之广，如 BIM 的价值、争议和方向；建设工程各参与方如何用 BIM 及应用策略；BIM 技术、投入、企业应用、产业发展的困境及解决方法；BIM 的实施主体。要把这些内容的精华萃取出来，并浓缩于一本书里，是非常困难的一件事。然而这正是《BIM 改变建筑业》已经做到的。

本书对建筑业从业人员、建筑企业管理人员和学者都具有非常大的学习意义，本书给予读者的不仅是 BIM 的应用探讨，而更多的是站在企业角度对于 BIM 的价值与未来发展结合方向的剖析。本书由建筑业资深研究专家杨宝明先生撰写，其具有多年的企业管理经验与行业从业背景，在中国 BIM 产业的研究、应用、推广方面做了大量的工作，一直以来为推动中国建筑业进入智慧建造时代做出自己的不懈努力和贡献。

建筑行业很幸运有这样杰出的学者和企业家愿意贡献他们的心血来完成《BIM 改变建筑业》，为建筑行业想对 BIM 有深入了解的人提供更多的指引方向。本书有许多章节既具有洞察力，又具有启发性。这有助于衡量本书能带给主要关注于实际设计、施工、建造运维等方面的建筑业相关人士什么样的价值。BIM 并非只是时下流行的趋势，而在未来也将会成为发展更好、更智慧的建筑解决方案的基石。

自序　BIM 改变建筑业

BIM 将给建筑业带来一场革命，虽然在国内推行过程中还有颇多争议，但其作为趋势已经得到国际工程界公认，不用怀疑跟不上这一趋势的企业和行业人士都将面临被边缘化的风险。住房城乡建设部最新发布的“十三五”信息化发展纲要是一个明显的佐证，其中将BIM列为第一关键词，几乎每个章节都强调了BIM的重要性。

BIM 凭什么？凭的是 BIM 能用多维度结构化的数据库来描述一个复杂工程，改变了人类几千年来只能用线条在二维平面上描述一个工程的历史，真正解决了复杂工程的大数据创建、管理和共享应用，在数据、技术和协同管理三大层面，提供了革命性项目管理手段，从而引发一场行业革命。因此 BIM 就是工程行业最核心的大数据技术。

建筑业是产品规模最大的行业，也是数据量最大的行业，也是数据最难处理的行业，也是当前所有行业中最缺乏数据的行业。BIM 有能力解决这些问题，成为工程行业大数据的入口。

一直以来，建筑业的浪费最为严重，生产力提升最为缓慢，产品质量低下（中国房子平均寿命仅为 30 年），都与工程过于复杂，数据处理技术手段不够有关，到现在为止，国内工程项目管理还主要靠承包制来实施。

BIM 技术将改变这一切，无论是复杂的上海中心、迪士尼还是跨海大桥，都可以高效地建立工程数字模型，BIM 软件系统快速精准地进行工程量造价等数据分析，也可以实现如碰撞检查、剖面图砌体排布等技术问题，最后实现基于互联网的项目级企业级的协同管理。BIM 这些能力带来行业生产力的巨大提升。另外，BIM 将带来产业价值链的重分布，工程参建各方的职责和工作将完全重新分工，您既可以利用 BIM 在项目创造更多价值，也完全可能现有的工作由别人来完成。业主 BIM 总顾问将是今后投资方建设项目的标配，BIM 竣工模型将是物业、园区和城市运维的基础。

上海市政府在推广 BIM 技术应用方面走在全国前列，除了政策力度很大外，投入力度也很大。上海市政府为什么？原因在于上海市政府真正理解到了建筑业要转型升级，要推动工业化，要绿色建造，要提升行业管理搞好廉政建设，最后要实现真正的智慧城市，都离不开 BIM 大数据能力，否则都会碰到难以逾越的数据瓶颈和管理技术瓶颈。

理论很丰满，现实很骨感。BIM 技术价值巨大，推行之路并不平坦。鲁班软件团队研发推广 BIM 已进入第 18 个年头，市场教育的工作量还有愚公移山之感。最大的阻力是 BIM 的透明化能力给行业带来利益重分配，其次是很多企业对 BIM 试点探索陷入误区，BIM 技术的选型和实施方法又严重脱离中国工程实际，导致对 BIM 技术价值的误解。但这些不会对行业趋势产生任何影响，事实是每年的 BIM 应用量在快速增加，已到台风口爆发期来形容并不为过。

中国建筑业正处于历史的转折点，20 多年来超过 20% 的增长的商业奇迹已难重现，中国建筑业必须转型升级，唯一的出路是，在战略上实施聚焦，打造出细分市场的领先品牌，在运营上充分利用“BIM+ 互联网”，大幅提升企业大数据能力，实现精细化、集约化管理，做出规模经济效应。

行业进入了存量再分配的整合期，过去习惯了的发展战略将完全失效，中国建筑企业家需建立全新的战略思维，必须意识到关系竞争力权重越来越低，能力竞争力越来越重要。而在基于客户价值的竞争力提升过程中，“BIM+ 互联网”是必需的支撑，只有充分利用“BIM+ 互联网”的能力，我们才能突破项目精细化管理的瓶颈，企业信息化管理的瓶颈，最终实现企业集约化运营。

本书的出版，期待在以上诸多方面能给大家一些启发，在企业 BIM 之路上走上捷径。

目录 CONTENTS

第一篇 什么是 BIM

第二篇 为什么用 BIM

第三篇 如何用 BIM

目录 CONTENTS

观点 PK

其他资料

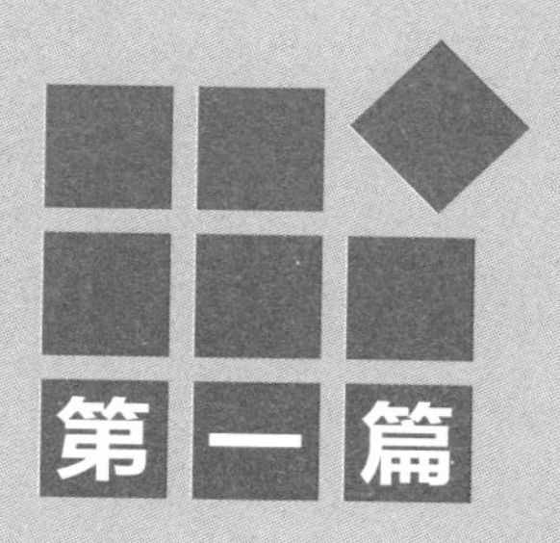

什么是 BIM

- BIM 的数字解读
- 究竟多少维度算 BIM？
- BIM 初期阶段的是与非

BIM 的数字解读

7 个数字，可简单解读 BIM 的真谛。

BIM 的概念众说纷纭，且过于冗长。用简单的数字解读 BIM 或许能加深大家对 BIM 的理解和记忆！

1 个模型

一个建筑信息模型（Model），也是一个多维度（>3D）结构化工程数据库（工程数字化模型）。

2 个对象

BIM 模型中的信息就是为了描述两个对象：工程实体、过程业务。

3 大核心能力

（1）形成多维度（>3D）结构化工程数据库；

（2）数据粒度能达到构件级，甚至更小，如一根钢筋、一块砖；

（3）工程大数据平台：承载海量工程和业务数据，其多维度结构化能力，使工程数据和信息的计算能力非凡，远非以往的工程管理技术手段所能比拟。

4 大价值

BIM 技术为工程项目管理和企业级管理提供：

（1）强大计算能力：工程大数据的实时处理能力；

（2）实时协同能力：远超过去项目管理协同技术；

（3）实现虚拟建造：大大拉近与制造业的差距，使建筑业开始具备类似于制造业的“样机”工程能力；

（4）工程和业务信息集成：使工程和业务数据成为一个有机整体。

5 大阶段

BIM 的应用分为 5 大阶段：

（1）方案决策；（2）规划设计；（3）建造施工；（4）运维管理；（5）改建拆除。

BIM 在五大阶段都能发挥重要作用，每个阶段将有大量应用（甚至数百项）产生。

越来越多的岗位、工作将在基于 BIM 的平台上完成作业，以提高工作效率和质量，让工作成果可存储、可检索、可计算、可协同共享。最终，BIM 将成为建筑业操作系统（OS，Operating System）。

6 大应用（建造阶段）

在建造阶段，BIM 技术将实现数百项应用，但以下 6 大应用将对项目管理带来最大的影响：

（1）工程量计算、成本分析、资源计划；

（2）碰撞检查、深化设计；

（3）可视化、虚拟建造；

（4）协同管理；

（5）工程档案与信息集成；

（6）企业级项目基础数据库。

7 个维度

BIM 有 3 大维度（空间、时间、工序）和 7 个子维度（3D 实体、1D 时间、3D 工序——招标工序 BBS、企业定额工序 EBS、项目进度工序 WBS）。

究竟多少维度算 BIM？

BIM 有多少个维度？笔者认为对建筑行业具有革命性价值的“BIM”具有七个维度。值得一提的是，造价不是 BIM 的维度，只是管理和分析的对象。

近期有众多同行讨论 BIM 该是几维的问题，莫衷一是。笔者认为对建筑行业具有革命性价值的 BIM，应该具有七个维度。

什么是维度？

什么是维度？百度百科这样描述，维度是描述一个事物或对象所需要参数。维度，又称维数，是数学中独立参数的数目。在物理学和哲学的领域内，指独立的时空坐标数目。0 维是一点，没有长度。1 维是线，只有长度。2 维是一个平面，是由长度和宽度（或曲线）形成面积。3 维是 2 维加上高度形成体积面（图 1–1）。

即维度参数帮我们确定分析对象的定位、范围，帮我们得出明确的分析结

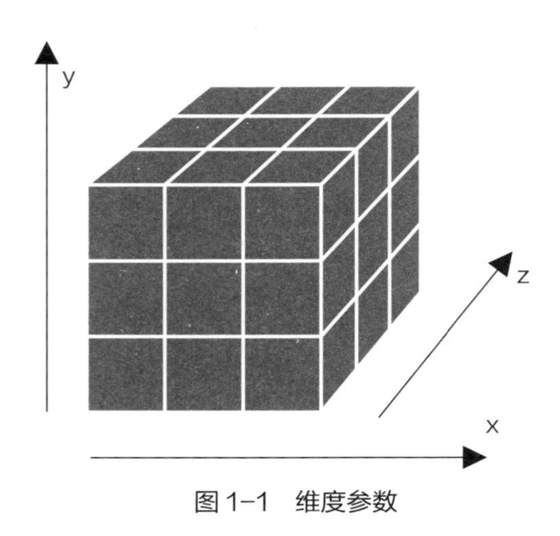

图 1–1　维度参数

果。从这一概念出发，BIM 的维度应该是指，能确定 BIM 所要研究应用对象定位、范围的参数，描述和定位工程信息所需要的定位参数。3D 实体定位空间位置，4D 时间定义某一时点的建筑状态（形象进度）。

同理，安全、质量、供应商信息、造价显然不适合作为一个维度参数，而是我们的一个研究分析对象。如分析造价时我们需要维度参数来确定造价分析的范围，计算相关数据，因此造价作为维度参数是不合适的。如本月确定完成造价 1000 万元，我们并不知道完成了哪些施工工序。如果我们定义某工序本月完成的产值，通过工序和时间两个维度参数，则可以进行准确的数据分析，因此，工序才是一个维度参数。

同理，安全、质量、供应商信息都是我们研究、计算和分析的对象，而不是维度参数。

BIM 至少是三维的

BIM 究竟有多少维度？很多 BIMer 论证二维也是 BIM ？究竟有多大意义？我的观点是：BIM 至少是三维的。

先要搞清我们讨论的 BIM 究竟是一个什么条件的 BIM。BIM 没形成权威的定义前，按字面的理解，承载建筑信息东西的都可以是 BIM，导致了无意义、无价值的泛化主义。将“结一个绳”的记录信息也可称 BIM，BIMer 费的口舌能有什么价值？

我们要讨论的 BIM 应是给建筑业各阶段（设计、施工、运维）带来巨大作用、产生深刻影响、甚至是带来产业革命的 BIM。有了这个讨论前提，BIM 是多少维度就会有一个结论。否则大家的讨论像盲人摸象，各说各话，却毫无意义。

能带来产业深刻影响、甚至产业革命的 BIM 必须是三维以上的，这还不够，应是能构建起三维以上的结构化数据库的 BIM（建筑信息模型），三维以上、结构化数据库这两者缺一不可。

三维不一定是 BIM，但没三维肯定不是 BIM。

而且，三维不一定是 BIM，但没三维肯定不是 BIM。

为什么没三维肯定不是 BIM？

零维（一篇描述建筑的文章）、一维、二维（图纸）的 BIM（或者说现有的描述建筑的技术手段）都无助于我们解决建筑业当前面临的问题，无法对工程进行快速的计算分析、协同、可视化，不能突破项目管理数据能力的瓶颈，不能产生解决当前行业问题的杀手级应用。

"可计算"（Computable）的概念很重要，由于建筑物在整个生命周期里是一个三维实体动态进化的过程，要全面正确描述、分析、计算、管理、共享、可视化、虚拟建造来解决问题，必须要三维以上的结构化数据库才能实现强大的工程计算，才能帮助人类突破工程大数据处理能力瓶颈，才能解决现在的各种行业难题。

"可计算"的 BIM 要满足以下条件：

（1）可准确定位、搜索；

（2）可计算：实体计算、统计、分析。实体计算（点、长度、面积、体积）的三维扣减计算，支持布尔算法。设定任意维度（实体、时间、WBS）的范围快速的统计分析；

（3）可视化：切取任意部位进行 3D、4D 虚拟建造。

这些"计算"能力的实现，都要有 3D 以上结构化数据库的支撑，且数据粒度要达到构件级。有了这样强大的计算能力，就可以延伸出一系列项目管理上的高价值应用，从而带来产业革命性的进步。不可计算的信息，不论信息有多少，是什么样的信息承载平台，都不能成为我们所需要的"BIM"，如几屋子的蓝图、多少 T 硬盘里的 DWG 电子文档，都不具备 BIM 的价值，也不宜纳入 BIM 的范畴。

二维及以下的“BIM”对于建筑物来讲，基本上是不能“计算”的，因为建筑物实体是三维实体，建造过程是动态四维的。项目管理者对三维以下的信息载体，只能通过人脑的智慧（知识、经验）去意会。一个矩形在图面上，是线框？是个坑？是个桌子？谁也看不懂，要加很多说明文字标注，标注是很难统一的，因此是不可计算的。一张建筑照片不用加说明文字，用平面的方法表现可视化的三维建筑物，一看就明白这个建筑有什么东西。

即使建立三维以下的数学逻辑模型——BIM，由于建筑本身是 3D 的，3D 以下的任何数学模型引申出来应用和价值是很小的，不会成为我们所需要的给行业带来重大变化的“BIM”，笔者认为不应该将其纳入我们的“BIM”。

三维不一定是 BIM？

如果没有形成三维以上的结构化数据库（如效果图），一些较粗三维的方案图（如 SketchUP 的三维方案图），也不能实现上文所说的“计算能力”，既然不能产生给项目管理带来变革性的高价值应用，也就不是我们谈论、需要全产业链大加推广的“BIM”。

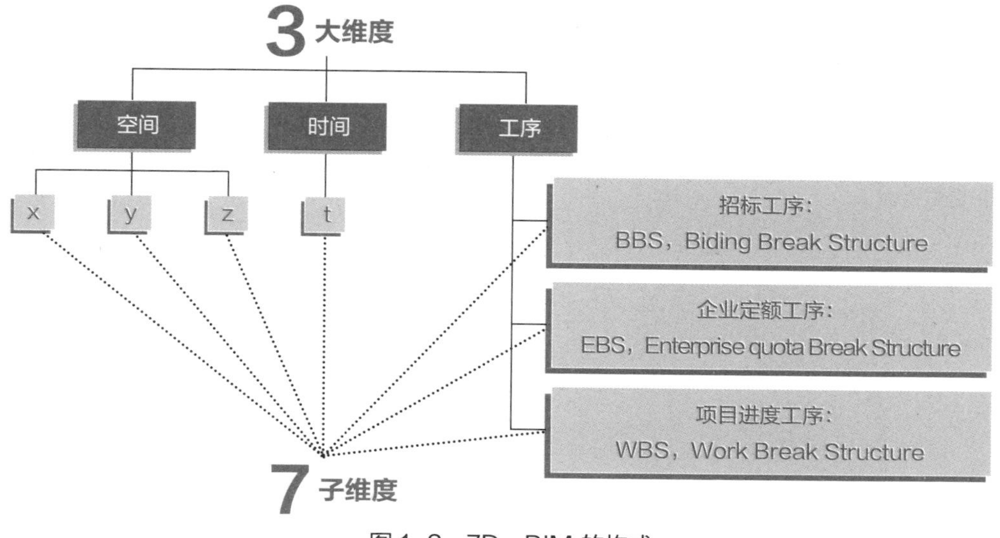

图 1-2　7D · BIM 的构成

观点 PK 之：BIM 有几维？

徐新手记

xyz + t 比较约定俗成，WBS 比较难以理解，把 t 分解到构件级难以实现。BIM 从物联网角度理论上是可以有很多维度的，不同学科根据需要似乎可以定各自的标准？

杨宝明说

造价是一个我们分析的对象，维度是我们用来确定所分析对象范围的参数。分析的对象与对象的范围、定位两个意义很不相同。混淆后很容易把思路搞乱。不同的领域维度的标准会不同，这一点同意。

喻国军 Y

3D 相对于 2D 真的能产生那么大的效益吗？真正数据上的真实、一致、互通能发挥的效益也许高过 3D 模型。

杨宝明说

建筑业信息化的难题在于，如何才能让数据真实、一致、互通。形成 3D 以上的结构化数据库是一个必要条件。

KinkaiChang

讲 BIM 不是讲几 D，而是用几 D 的方式去做事。BIM 后台是个 Database 我想应该没有异议。数据存储和应用维度不一样，从中抽取一个判断说对与否是一维，抽取数据做二维（如 dwg 出图）这是二维，抽出 Z 轴做 3D 模型。后面再加什么属性，什么时间，什么价值，这些都是增加元素属性的事情。2D 来源于 BIM Database。

杨宝明说

BIM 技术产业本身有两大方面的问题：理论、应用。从应用层面讲解决问题，不需要强调维度概念；理论层面，维度的概念不能乱讲，更不能以洋人为标准。洋人说造价是第 5 维，我们就说是第 5 维，比较可笑。有专家反对鲁班提出的 BIM 维度概念，我问为什么，专家说是老外这样说的。

同济卢锡雷

还可以增加一个维度：沟通维度，有玩笑成分，但值得研究。比如说：BIM 的信息是否已经得到“传递和共享”，其“引用”状态算不算一个维度可以在系统中得到反映呢？

BIM 吉清

内容与表现方式要分开来看。2D 的信息，其利用价值是非常受到局限的。所以 2D 的信息，只能作为辅助信息来说明（3D 的）BIM 模型信息，而不可能是 BIM 模型的核心信息（之一），甚至连 BIM 模型的辅助信息都谈不上。它就是在展现 BIM 模型的过程，在特定的应用阶段（比如出施工图）基于 3D 信息衍生出来的信息。

来源：新浪微博、《新鲁班》读者群

具有革命性价值的 7D · BIM

对建筑行业具有革命性价值的“BIM”是几维的?

笔者认为，具有革命性价值的 BIM 目前可认为是七个维度的（图 1-2）。这 7D 就是：3D 实体、1D 时间、3DWBS。形成 7 个维度的结构化数据库、且数据粒度达到构件级，就会产生无数项目管理革命性的高价值应用，成为革命性的技术。

为什么 BIM 是建筑业革命性技术?

BIM 的伟大之处（核心价值）在于给我们提供了建筑业全产业链一直需要的创建、计算工程数据的能力，并提供了最佳的建筑全生命周期的数据承载平台：

（1）成功构建了 7D 结构化数据库；

（2）数据粒度达到构件级，甚至更细（如一根钢筋的实体）；

（3）成为工程、业务数据的无限量数据承载平台。

基于此，可以往上增加任何建筑物的数据，使所有的信息结构化、可计算。

这一核心价值解决了建筑业一直面临的三大难题：

（1）海量数据的处理、计算、管理和共享；

（2）工程所有人员、组织的协同难题；

（3）工程技术问题难以及时发现解决。

围绕这三大难题，随着软件技术的进步，BIM 将提供无数项目管理、企业管理和行业管理的解决方案和应用，让技术、成本、建造管理、运营管理等所有工作产生革命性的变化。

但笔者一直反对 BIM 是 *n*D 类似的说法，很不科学。如造价不是 BIM 的一个维度，而是 BIM 承载的一个重要工程属性而已。

BIM 初期阶段的是与非

BIM 技术产业刚处在发展初期，有很多误解和偏见都非常正常，这需要诚意的探讨甚至争论。

BIM 技术一定会对建筑业生产力带来革命性的影响，但现在仍处在初级阶段，需要行业人士共同呵护、共同推动，才能让 BIM 技术尽快为行业创造更大价值。毋须怀疑，经过同行 10 多年的努力，还处于初级阶段的 BIM 技术的现有功能、现有技术已能为行业用户创造巨大的价值，只是如何实现的问题。

鲁班软件团队经过 17 年研发、应用和推广 BIM 技术的经验积累，已经形成了自己独到的理解和观点，欢迎各路专家、同行探讨，也愿意与不同观点者“煮酒论剑”。

算量软件是 BIM，BIM 是算量软件？

这种说法很不严谨，很不科学。这不是鲁班软件的标准观点，是一些不太懂 BIM 技术的人的误解。

鲁班软件的观点是：工程量计算是 BIM 技术的一种典型应用，也是国内当前 BIM 技术最成熟、应用最广、价值最大的一种应用。BIM 技术现在是初级阶段，若干年成熟后，在设计、建造、运维三大阶段完全可能产生数百种应用。现阶段，利用算量软件进行工程量计算是国内 BIM 技术最成功的应用，这是毋庸置疑的，无论从应用人数、应用工程数量、创造的行业的价值来看，都是这样。

正因为算量软件的成功应用，使得建造施工阶段的三维建模技术的应用远远领先于设计阶段，高效的建模技术、强大的计算能力使得项目工程基础数据计算分析能力大为提升，是项目实现精细化管理突破的关键基础。

观点PK之：算量是BIM？

何关培

同意杨博士的两点表达：1. 工程算量是BIM技术在国内最成熟的应用之一；2. 施工用BIM不必等设计，事实上谁用或不用BIM跟其他人关系不大，只跟自己的投资回报有关。

奚YAN欣

BIM内涵和外延，我觉得需要讨论，但更重要的是实践，找到切入点和落脚点。在施工阶段图像算量和碰撞检查就是两个很好的BIM概念的切入点，但我觉得还很不够。

徐新

杨博士此论很中肯，不把BIM神化，也不把BIM妖魔化，对于施工企业来说，判断BIM好坏标准只有一个——能否给企业带来价值！算量对施工企业来说价值的确很大，带来的不仅是有了可管理的数据模型，甚至是对企业组织架构都会带来变革，这要看管理层对待精细化管理的要求是否迫切，有没有这个境界。

張容菁

最近也在关注BIM软件的应用，请问BIM如果开发够成熟的话，算量是否可以取代？

杨宝明说

这个是伪问题。算量本身是BIM技术的一种应用，如何代替？

来源：新浪微博、新浪博客

什么是严谨的BIM表达?

BIM（Building Information Modeling）的定义众说纷纭，到现在为止，并没有特别被普遍接受的标准说法，但基本含义是有行业共识的。

鲁班对BIM技术的诠释是：运用多维度（3D或以上）结构化数据库技术处理工程问题的所有技术，都属BIM技术的一种。利用这样的软件技术建成的工程数字模型，为行业用户提供了过去从未有过的极强的工程信息数据计算能力，从而创造巨大价值。

谁掌握 BIM，谁就赢得未来！
——易军 住房城乡建设部副部长（2015 年 9 月 21 日）

在工程全生命周期过程中，各个阶段、各个应用处理的问题、数据对象大不相同，各种 BIM 软件的表现形式大不相同，只要符合上述表述，都属于 BIM 技术的一种应用。

鲁班算量软件是 BIM 技术重要的一种应用软件，Revit 软件也是 BIM 技术的一种应用软件。不能简单说算量软件是 BIM，BIM 是算量软件；也不能简单地说 Revit 是 BIM，BIM 就是 Revit；当然，PKPM 的软件同样如此。

施工阶段用 BIM 技术，要等设计院的 BIM 成熟了才能用

很多施工企业的人士认为，BIM 技术不错，但建模难度太大，应该等上游设计阶段应用成熟，下游的施工再应用 BIM 技术就没有难度了，才能用好。

这个观点是错误的，是对现有 BIM 技术的了解不够，受一些不正确观点误导造成的。

确实，一个理想的 BIM 技术产业链应该是这样（图 1-3）：设计阶段即全面应用 BIM 进行规划、设计，来解决设计阶段的各种工程问题。设计成果通过 BIM 模型提交给下游施工阶段的各个参建方。施工阶段的各个参建方在此基础上进行施工阶段的 BIM 技术应用：增加数据和信息、解决施工过程中的各种问题。最后，前面两个阶段的数据和信息再传递给运维部门应用于物业管理和运维。

但是，这只是一个理想的状态，在现实中暂时难以实现，也没有必要一定按理想状态来操作。

施工阶段的 BIM 率先解决了建模效率和建模成本的问题，即生产力问题，即使施工阶段重新建模，也比现有传统的施工阶段管理技术效率要高很多、质量高很多。而设计阶段的 BIM 技术应用至今尚未解决效率提升和生产力提升的问

题，只是工作成果的价值提升了，致使设计人员应用 BIM 技术成果动力还不足够，BIM 的应用率还相当低。特别在中国这样的产业体制下，设计与施工长期割裂，BIM 软件不解决设计阶段的生产效率问题，推动的难度就始终会存在。

事实证明施工阶段的 BIM 技术应用可以先于设计阶段应用普及和深化，不必等设计阶段的 BIM 技术成熟。在我国，施工阶段建模算量应用自 1999 年始已有 17 年历史，应用人数、应用工程数量相当庞大，已是最成功的 BIM 应用了。

一个简单的事实是，施工阶段即使仅为了算量，由于效率足够高，远高于传统的手工作业方式，大家就愿意创建完整的工程模型。原本只为算量而创建的模型已经在发挥价值了，现在在这个为算量创建起来的模型基础上延伸各种 BIM 应用，投入产出比可数倍提升，延伸的各种应用都在不断地摊薄建模的成本，应用的合理性、价值和优势不言而喻。

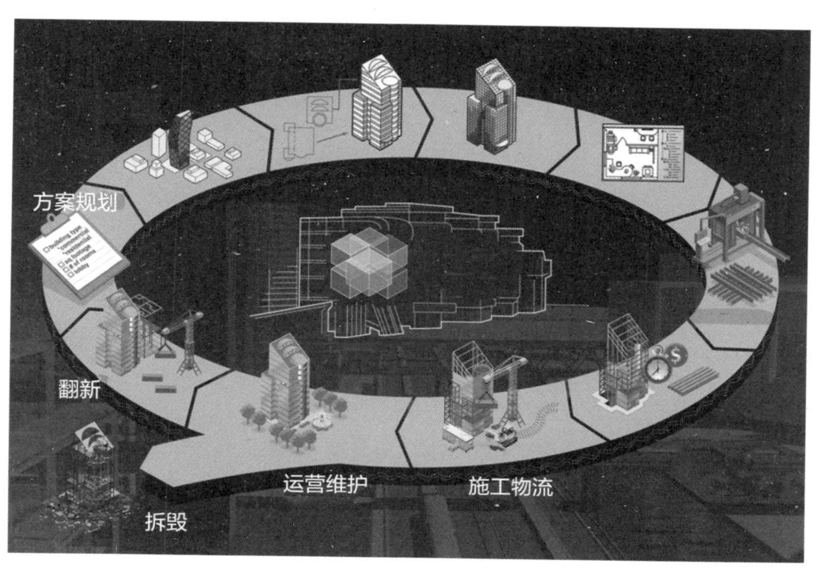

图 1–3　BIM 在全生命周期中的应用

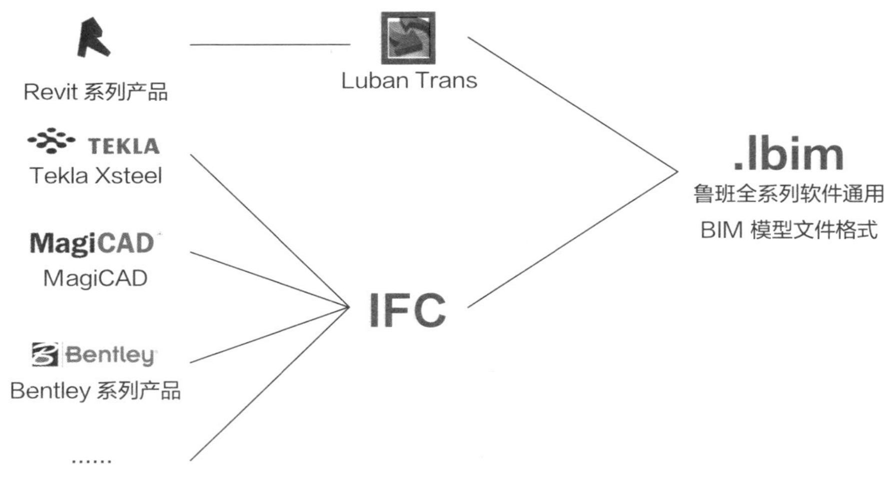

图 1-4　Luban Trans 原理

施工阶段率先应用 BIM 技术并不意味着与设计阶段无关。目前鲁班软件的建模技术的高效率是建立在充分利用设计成果（无论是 2D 或 3D）的基础之上。经过 10 多年的努力，现阶段的鲁班 3D 建模技术对设计院的 2D 设计成果进行了充分的利用。在 3D 设计成果的利用方面，在业内率先发布了 Luban Trans 和 IFC 格式支持，无论是 Revit、Bentley、Tekla、MagiCAD 还是其他 BIM 软件产生的 BIM 模型，数据都能导入鲁班 BIM 系统（图 1-4）。

BIM 技术和 PM、ERP 的关系如何

BIM 技术平台的优势之一在于，它是一个极佳的工程基础数据承载平台，能够快速实现工程基础数据的创建、计算、共享和应用。

PM、ERP 优势在于工程项目过程数据的采集、管理、共享和应用。

因此二者是完全的互补关系，不可完全替代，一个完善的建筑企业信息化解决方案需要两个企业级系统的完美结合。这需要一个过程。即 BIM 技术系统为 PM、ERP 系统提供工程项目的基础数据，完成海量基础数据的计算、分析

和提供，解决建筑企业信息化中，基础数据的及时性、对应性、准确性和可追溯性的问题。

两个系统的完善结合，将取得多赢的结果，两个系统的价值都将大幅增加，客户价值更是大增。

观点PK之：设计用BIM了，施工还要用BIM吗？

杨宝明说

如果设计阶段采用了BIM技术，施工阶段还要用BIM技术吗？

何关培

只要BIM对某项任务和某个专业岗位的工作有价值和效益，那个任务和那个岗位就会去用。

设计工兵

每个阶段和专业都是一个大坑，能蹲一个坑，盯一个坑就不错了。

桃花源纪

跨专业，设计要结合施工工艺，要熟悉各种产品尺寸，做好，相当困难！

关注家园的IT人

BIM的目的，就是要推动各阶段之间纵向向下的渗透、纵向向上的反馈、横向之间的协同，及全局的系统性集成。对于施工来说，迫切要搞清楚哪些阵地会被渗透和哪些阵地需要自己去渗透，这两个问题很关键。

鲁班BIM团队

合理的项目全过程应用BIM技术的方法是，三大阶段各自选用合适BIM软件平台，设计、施工阶段各自聘用专业BIM技术团队实施，各阶段通过建立数据标准进行数据传递来承接上下游数据。

杨宝明说

一个建筑全生命周期的专业、应用、知识和技术要求都太多，分阶段术业专攻是必须的了。因此，在设计、施工阶段分别采用专用的BIM解决方案实施应用；在设计、施工阶段分别聘用专业的BIM顾问来负责统筹实施BIM技术应用。

来源：新浪微博

施工企业应用 BIM 技术误区有哪些

目前由于各个厂商、服务商和研究机构基于利益和立场的不同，对市场有较大的误导，企业根据自己的实践，也有自己不全面的见解，导致有较多的误区（图 1-5）。

一是觉得时机未到，要等设计阶段应用成熟了才能用

施工阶段早已有成熟的、回报率高的 BIM 技术应用，如建模算量，完全没有必要等设计阶段的 BIM 应用完善成熟再启动。一个产业链完整了再应用，很不现实。判断是否现在该用 BIM，完成决定于投入产出比，只要产出远大于投入，应用价值就大，不需要设置其他很多条件。施工阶段的 BIM 应用已价值巨大，完全可以先独立向前发展。

二是以为 BIM 技术就是 Revit，Revit 就是 BIM

这一误区在 BIM 的初期阶段尤为明显。很多施工企业把精力过多花在 Revit 上面。施工企业大量资源花在研究、实践 Revit 应用上面，方向有些偏。Revit 更适合设计阶段的 BIM 技术应用，施工企业用来做深化设计较合适，但对施工阶段的复杂技术问题、本地化问题（招标投标规范、计量计价规则）并不适应，数据处理能力无法为施工全过程精细化管理提供能力。施工企业的 BIM 应更重视本土化解决方案的应用，如鲁班 BIM 解决方案。

误区 1：先等设计阶段 BIM 应用成熟了再用

误区 2：BIM 就是 Revit，Reivt 就是 BIM

误区 3：BIM 应用成本高，投入产出比不高

误区 4：BIM 需要应用多种软件，重复投资，太麻烦

图 1-5　施工企业 BIM 应用误区

> 由于鲁班软件、广联达、斯维尔等国内建筑软件厂商的努力，目前为止施工企业是获得 BIM 技术价值最多的。

三是以为成本太高，投资回报风险大

笔者以多年实践观察，BIM 技术是当前施工企业信息技术应用投资回报率最高的一种，且风险较低。因在施工阶段的基础应用——算量软件已有很多年的成熟经验，这样的一种应用，就可以大大提升工程项目上的精细化管理水平；在算量模型基础上修改调整，进行别的应用，如碰撞检测、钢筋翻样、资料管理、数据协同等，这些增加的应用都是额外的收益，且经济效益非常明显。

事实上，由于鲁班软件、广联达、斯维尔等国内建筑软件厂商的努力，目前为止施工企业是获得 BIM 技术价值最多的，远超过设计院、业主方，但很多施工企业高层，仍不了解这一点，在向别的地方寻求方向，有点舍本逐末了。

四是是否该用多种 BIM 软件的困扰

困扰的原因是数据统一的纠结、是否会重复投资的疑虑。笔者的看法是：这是个问题，但不会是决定性问题，这个问题会随着 BIM 软件行业的发展得到缓解和解决，但不能因此而停止多元化的 BIM 软件应用。

BIM 技术的发展趋势是在设计、施工、运维阶段将有很多种应用（至少数百项），企业无法用一个软件、一个厂商的产品来做完全部，每个阶段的 BIM 软件有各自的优势，各自解决不同的问题。一个软件、一个品牌也无法做好在三大阶段中的上百种应用，企业采用多元的 BIM 软件是必然的。正因为这样的趋势，BIM 软件的数据共享和数据标准是一个重要的问题，也正因为这样的趋势，厂商支持开放的 BIM 数据标准也成为一种必然，否则就是自取灭亡。当然，用户是推动这一进程的重要力量，但不必太担心各个厂商支持公开数据标准的积极

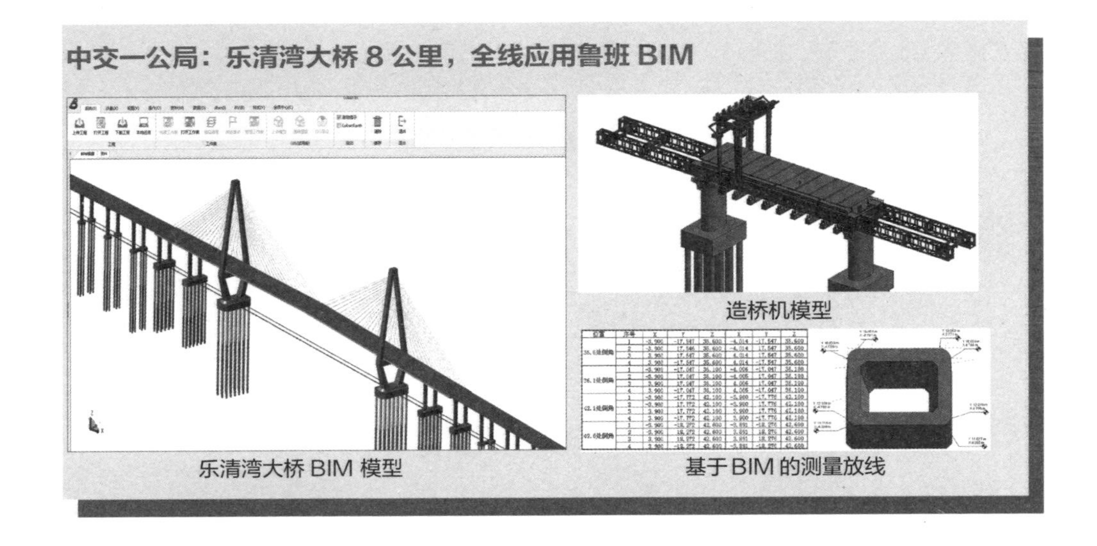
中交一公局：乐清湾大桥 8 公里，全线应用鲁班 BIM

乐清湾大桥 BIM 模型

造桥机模型

基于 BIM 的测量放线

性，当前中国有 130 多家企业正在共同开发 BIM 数据标准，就是一个很好的例证，事实上坚持私有标准的厂商正在被边缘化。

鲁班软件在 BIM 技术产业链上，定位于建造阶段 BIM 应用专家。专心做好三件事：

（1）做好设计阶段的成果利用，不断提升 BIM 建模效率。

（2）做好施工阶段的 BIM 应用，不断增加应用、不断探索各种应用的实施方法、不断提升各种应用的价值。鲁班的施工阶段 BIM 应用在业内已大幅领先。

（3）做好数据开放工作，让更多的 PM、ERP、CM、OA 系统来调用鲁班的 BIM 数据库。近年来，鲁班 BIM 系统和新中大 ERP 在对接方面做了大量的工作，两大系统数据对接已有较大进展。

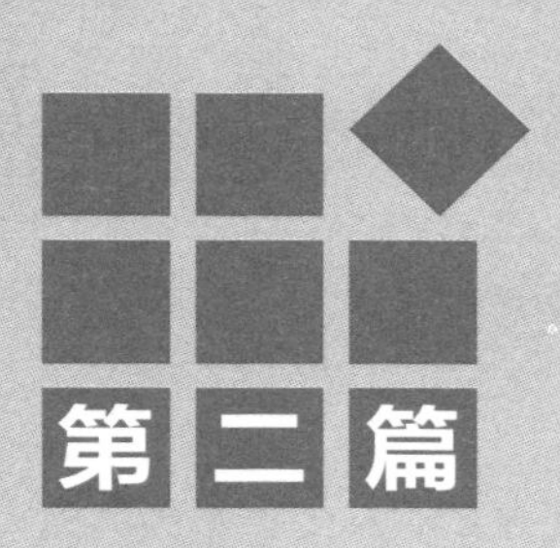

为什么用 BIM

- 上海市政府为什么推广 BIM
- BIM，是必需的战略
- 突破项目精细化和企业集约化管理瓶颈
- 工程造价管理新思维
- BIM 的价值、争议与方向
- BIM 与集采电商平台的思考

上海市政府为什么推广 BIM

上海市政府作为第一家发布 BIM 政策的省市级政府，提出了措施严厉的 BIM 政策要求，政府为何如此关注一项建筑行业领域的信息化技术呢？企业又该如何应对呢？

发达国家对 BIM 技术向来重视，英国、美国、新加坡、日本等国家都已经提出了 BIM 应用的相关要求。近些年，我国政府也加大了对 BIM 技术的关注度与重视度，并陆续出台了一些 BIM 相关的政策，见表 2-1。

2014 年 10 月底，上海市政府（而非上海市建委）发布措施严厉的以 BIM 为主题的政策文件《关于在本市推进 BIM 技术应用的指导意见》，这在全国省市级政府是第一家。文件中对于 BIM 技术的目标是“通过分阶段、分步骤推进 BIM 技术试点和推广应用，到 2016 年底，基本形成满足 BIM 技术应用的配套政策、标准和市场环境，本市主要设计、施工、咨询服务和物业管理等单位普遍具备 BIM 技术应用能力。到 2017 年，本市规模以上政府投资工程全部应用 BIM 技术，规模以上社会投资工程普遍应用 BIM 技术，应用和管理水平走在全国前列。”

指导意见中对上海市的 BIM 技术应用有一些强制性要求，如：2015 年起，选择一定规模的医院、学校、保障性住房、轨道交通、桥梁（隧道）等政府投资工程和部分社会投资项目进行 BIM 技术应用试点，形成一批在提升设计施工质量、协同管理、减少浪费、降低成本、缩短工期等方面成效明显的示范工程。2017 年起，本市投资额 1 亿元以上或单体建筑面积 2 万平方米以上的政府投资工程、大型公共建筑、市重大工程，申报绿色建筑、市级和国家级优秀勘察设计、施工等奖项的工程，实现设计、施工阶段 BIM 技术应用；世博园区、虹桥商务区、国际旅游度假区、临港地区、前滩地区、黄浦江两岸六大重点功能区域内的此类工程，全面应用 BIM 技术。

各地 BIM 政策汇总　　表 2-1

发布单位	时间	文件	主要内容
住房和城乡建设部	2011 年 5 月 20 日	《2011 ~ 2015 年建筑业信息化发展纲要》	加快建筑信息模型（BIM）、基于网络的协同工作等新技术在工程中的应用
	2014 年 7 月 1 日	《关于推进建筑业发展和改革的若干意见》	推进建筑信息模型（BIM）等信息技术在工程设计、施工和运行维护全过程的应用，提高综合效益
	2015 年 6 月 16 日	《关于推进建筑信息模型应用的指导意见》	到 2020 年末，建筑行业甲级勘察、设计单位以及特级、一级房屋建筑工程施工企业应掌握并实现 BIM 与企业管理系统和其他信息技术的一体化集成应用。到 2020 年末，以下新立项项目勘察设计、施工、运营维护中，集成应用 BIM 的项目比率达到 90%：以国有资金投资为主的大中型建筑；申报绿色建筑的公共建筑和绿色生态示范小区
北京市规划委员会	2014 年 5 月	《民用建筑信息模型设计标准》	提出 BIM 的资源要求、模型深度要求、交付要求是在 BIM 的实施过程规范民用建筑 BIM 设计的基本内容。2014 年 9 月 1 日正式实施
广东省住房和城乡建设厅	2014 年 9 月 16 日	《关于开展建筑信息模型 BIM 技术推广应用工作的通知》	目标：2014 年底，启动 10 项以上 BIM 技术推广项目建设；2015 年底，基本建立 BIM 技术推广应用的标准体系及技术共享平台；到 2016 年底，政府投资的 2 万平方米以上的大型公共建筑，以及申报绿色建筑项目的设计、施工应当采用 BIM 技术，省优良样板工程、省新技术示范工程、省优秀勘察设计项目在设计、施工、运营管理等环节普遍应用 BIM 技术；2020 年底，全省建筑面积 2 万平方米及以上的建筑工程项目普遍应用 BIM 技术
深圳市建筑工务署	2015 年 5 月 4 日	《政府公共工程 BIM 应用实施纲要、BIM 实施管理标准》	至 2017 年，实现在其所负责的工程项目建设和管理中全面开展 BIM 应用，并使市建筑工务署的 BIM 技术应用达到国内外先进水平
宁波市住房和城乡建设委员会	2015 年 10 月 29 日	《关于推进建筑信息模型应用指导意见的通知》	到 2018 年末，本市建筑行业甲级及以上勘察设计、监理企业以及施工总承包特级、一级企业应掌握并实现 BIM 技术与企业管理系统和其他信息技术的一体化集成应用。本市国有资金（政府）投资 2 万平方米以上的大型公共建筑应当在勘察、设计、施工环节普遍应用 BIM 技术；鼓励部分规模以上社会投资工程应用 BIM 技术。到 2020 年末，本市主要勘察设计、施工、监理、招标代理等企业应全部具备 BIM 技术应用能力。本市大中型国有资金（政府）和社会投资工程在勘察、设计、施工、运营维护等环节普遍应用 BIM 技术

续表

发布单位	时间	文件	主要内容
广西省住房和城乡建设厅	2016 年 1 月 12 日	《广西推进建筑信息模型应用的工作实施方案》	到 2020 年底，我区甲级勘察、设计单位以及特级、一级房屋建筑工程和市政工程施工企业普遍具备 BIM 技术应用能力，以国有资金投资为主的大中型建筑、申报绿色建筑的公共建筑和绿色生态示范小区新立项项目勘察设计、施工、运营维护中集成应用 BIM 的项目比率达到 90%
湖南省人民政府办公厅	2016 年 1 月 14 日	《关于开展 BIM 应用工作指导意见》	2018 年底前，制定 BIM 技术应用推进的政策、标准，建立基础数据库，改革建设项目监管方式，形成较为成熟的 BIM 技术应用市场。社会资本投资额在 6000 万元以上（或 2 万平方米以上）的建设项目采用 BIM 技术，设计、施工、房地产开发、咨询服务、运维管理等企业基本掌握 BIM 技术。2020 年底，建立完善的 BIM 技术的政策法规、标准体系，90% 以上的新建项目采用 BIM 技术，设计、施工、房地产开发、咨询服务、运维管理等企业全面普及 BIM 技术
沈阳市住房和城乡建设委员会	2016 年 2 月 19 日	《推进沈阳市建筑信息模型技术应用的工作方案》	推动我市建筑产业现代化示范城市和国家智慧城市建设，加快推进建筑信息模型技术应用，通过 BIM 技术与智慧城市建设、建筑产业现代化的深度融合，实现建筑业向绿色化、信息化和工业化转型升级。到 2017 年底，基本形成满足 BIM 技术应用的配套政策、标准和市场环境，培训主要的设计、施工、构件生产、咨询服务和物业管理等行业具备一定的 BIM 技术应用能力并能够协同工作。到 2020 年底，形成较为完善的 BIM 应用市场和完整的 BIM 应用产业链条，具备 BIM 应用全面推广市场条件
黑龙江省住房和城乡建设厅	2016 年 3 月 14 日	《关于推进我省建筑信息模型应用的指导意见》	从 2017 年起，各地市要科学筹划，重点选择投资额 1 亿元以上或单位建筑面积 2 万平方米以上的政府投资工程、公益性建筑、大型公共建筑及大型市政基础设施工程等开展 BIM 应用试点，每年试点项目不少于 2 个，并应逐年增加。通过 BIM 技术在工程中的实践应用，形成可推广的经验和方法，力争到 2020 年末，我省以国有资金投资为主的大中型建筑和市政基础设施工程、申报绿色建筑的公共建筑和绿色生态示范小区，集成应用 BIM 的项目比率达到 90%

续表

发布单位	时间	文件	主要内容
云南省住房和城乡建设厅	2016 年 3 月 24 日	《云南省推进建筑信息模型技术应用的指导意见（征求意见稿）》	到 2017 年末，基本形成满足 BIM 技术应用的配套政策、地方标准和市场环境，建筑行业甲级勘察、设计单位以及特级、一级房屋建筑工程施工企业应掌握 BIM 技术应用能力，建立相应技术团队。以国有资金投资为主的大中型建筑和申报绿色建筑的公共建筑、绿色生态示范小区等新立项项目，应在勘察设计、施工、运营维护中优先应用 BIM 技术。2020 年末，建筑行业勘察、设计、施工、房地产开发、咨询服务、运维管理等企业应全面掌握 BIM 技术。以国有资金投资为主的大中型建筑和申报绿色建筑的公共建筑、绿色生态示范小区的新立项项目，在勘察设计、施工、运营维护中集成应用 BIM 的项目比率达到 90%

这不只是一则架空的指导意见，在 BIM 的组织落实方面，上海市更出重招。

2015 年 3 月，上海市政府办公厅正式发文成立上海市建筑信息模型技术应用推广联席会议，主要为了加强 BIM 技术的应用推广，提高相关管理部门的统筹协调和协同联动。联席会议主要负责组织制定 BIM 技术应用发展规划、实施计划和各项政策措施，协调推进 BIM 技术应用推广。联席会议由副市长蒋卓庆担任总召集人，市建设管理委、市发展改革委、市经济信息化委、市财政局、市审计局、市交通委、市教委、市卫生计生委、市科委、市规划国土资源局、市住房保障房屋管理局、市水务局、市消防局、市民防办 14 家单位作为成员单位。联席会议下设办公室，负责主持联席会议日常工作，办公室设于市建设管理委。后续更出台了一系列的配套政策。

2015 年 5 月，上海市建设管理委员会发布《关于在推进建筑信息模型的应用指南（2015 版）》，主要针对 BIM 技术基本应用，定义了建设工程项目设计、施工、运营全生命周期的 23 项 BIM 技术应用，将作为 BIM 应用方案制定、项目招标、合同签订、项目管理等工作的重要依据，将指导和规范 BIM 技术应用，实现 BIM 技术的价值。

2015 年 7 月，上海市建筑信息模型技术应用推广联席会议办公室先后发布《上海市推进建筑信息模型技术应用三年行动计划（2015 ~ 2017）》和《关于在本市开展建筑信息模型技术应用试点工作的通知》，主要是制定三年内分阶段推进 BIM 技术应用的实施步骤，建立符合上海市实际的 BIM 技术应用配套政策、标准规范和应用环境，构建基于 BIM 技术的政府监管模式，到 2017 年在一定规模的工程建设中全面应用 BIM 技术。

2015 年 8 月，上海市建筑信息模型技术应用推广联席会议办公室发布《关于报送本市建筑信息模型技术应用工作信息的通知》、《上海市建筑信息模型技术应用咨询服务招标文件示范文本》，主要是为掌握上海市区内 BIM 技术应用推广工作的进展情况及存在问题，建立 BIM 实施项目管理机制，规范上海市 BIM 应用咨询服务招标文件，进一步将招标文件及合同文件标准化。

2016 年 4 月初，上海市住房和城乡建设管理委员会发布《关于本市保障性住房项目实施 BIM 应用以及 BIM 服务定价的最新通知》，明确规定了建设单位组织实施 BIM 技术应用的咨询服务、配套软硬件、设计施工建模、分析建模等增加费用的收费标准，同时也优化了 BIM 使用方案编制和应用实施要求、招标和合同签订示范文本、人员要求、承包模式、费用结算管理等 BIM 应用具体流程。

为何将一个行业信息技术提升至如此高的战略高度，连市委书记韩正、市长杨雄都给予高度关注，上海政府为什么要这样做？

上海市政府为什么推广 BIM

一是绿色建造。科幻电影《星际穿越》给了笔者极大震撼，由于人类对地球贪婪无度地开发和资源利用，最终的悲惨下场令人绝望。而建筑业，特别是我国建筑业，由于项目管理和建造技术的落后，资源消耗极大，并存在极大的浪费。中国建筑工地上每年消耗了全球森林砍伐量的 50% 以上，70% 的全球森林砍伐量运到中国，运到中国的 70% 被用到工地上，用于作模板、作支撑、作装修材料，

城市建设有力有序推进，启动新一轮城市总体规划编制。加快重大基础设施建设，加快黄浦江两岸等重点区域和郊区新城镇建设，推广建筑信息模型的工程运用。
——上海市市长　杨雄《2015 年上海市政府工作报告》

其中很多是管理不够精细被浪费的。这意味着中国建筑工地上每年节约 1% 的消耗量，全球森林砍伐量就能减少 0.5%，一些工地完全有可能节约 10% 以上的使用量。这当中，BIM 技术能起到重要作用。BIM 技术可极大地改进工程项目管理，提升项目精细化水平，减少资源浪费，是一项投入产出比较高的绿色建造技术，世界各国政府都在强推 BIM 技术，首要原因就在于此。

二是抓产业升级。BIM 技术应用在建筑全生命周期中，在管理、建造技术上都能大幅提升建筑行业的生产力、精细化程度，也是建筑工业化必需的支撑手段，是建筑业产业升级的必由之路。建筑业的复杂度决定了，离开 BIM 技术，建筑产业升级几乎举步维艰。试想一个大型工程项目要实现工业化建造，构件数量多达数十万个。要把海量的构件状态（设计、生产、加工、运输、现场、已安装）管理起来没有一个强大的数据库系统是难以想象的。

三是工程行业反腐。上海市政府 BIM 政策早期最重要的主推部门之一就是纪委和监察局，BIM 早已成为上海市政府“制度 + 科技”最重要的工程行业廉政建设抓手之一。工程行业腐败严重的重要原因之一，就是工程复杂度导致的行业不透明。“BIM 技术 + 互联网”极大地提升了行业的透明度，可以让很多腐败问题自然消失。

四是提升行业管理。建筑业是最大的大数据行业，基于纸介质资料报备的行业管理模式几乎走到了尽头，很多问题难以解决，审批效率极低。行业级 BIM 数据库的建设势在必行，行业的行政、质量控制、安全管理才能上一个台阶。

五是智慧城市建设。城市级 BIM 数据库是智慧城市的基础数据库，当前智慧城市很多应用存在瓶颈，缺少一个城市基础数据库是个非常关键的问题。研究表明，“BIM+GIS+ 物联网”将是智慧城市最核心的基础技术架构。BIM 技术在

> BIM 早已成为上海市政府“制度 + 科技”最重要的工程行业廉政建设抓手之一。

智慧建造、智慧城市产业中，是一个巨大的创新领域，以 BIM 技术为平台，将许多新技术集成创新应用，抢占 BIM 制高点对科技创新具有重要意义。

施工企业的 BIM 策略

政策如排山倒海之势，重压之下施工企业 BIM 策略又该如何？

一要战略上重视。下一阶段竞争趋势是在透明化的市场情况下，谁的成本控制能力更强。建筑企业该考虑的是上下游都有透明能力，而自己没有透明能力的时候，企业将如何生存。自己的同行有透明能力，而自己没有透明能力，将如何竞争？建筑施工企业在战略上要加以重视。

二要尽快行动。按上海市政府 BIM 政策，2017 年公建项目都要加入 BIM 招标条款，越来越多的民营投资项目，也加入 BIM 招标条款。BIM 技术是一个相对复杂的体系，掌握应用和人才团队建设需要一个过程，已为时不早。

三要选对 BIM 方案。BIM 技术现阶段该不该大范围推广，有没有价值，一直争议不断，上海市政府推出的 BIM 政策终止了这种争论。当前的时点，已经到了讨论该如何用好的时候，而不是该不该用。足够的项目实践表明，现在很多企业 BIM 试点不成功，投入产出不够是因为 BIM 技术选型错误，实施方法有误，拿一个本地化、专业化差很多的设计 BIM 软件解决施工阶段的问题，是很难实现施工阶段的 BIM 价值。

四要有正确实施策略。试点项目的顾问引路很有必要，只要选对 BIM 技术文案，实施策略得当，投入产出已相当高，没有成本问题。从工具级开始，不断提升到项目级、企业级的管理协同应用，成为企业的核心竞争力。

上海 BIM 技术应用现状

为全面梳理上海市建筑信息模型技术应用情况，自 2015 年 10 月 9 日至 2015 年 12 月 4 日，上海市建筑信息模型技术应用推广联席会议办公室在上海市开展项目 BIM 技术应用项目情况普查工作。普查共计向 1679 个报建项目发放问卷信息，共收到 336 个项目的反馈信息。其中，采用 BIM 技术的项目为 162 个，不使用 BIM 技术的项目为 174 个。根据 162 个 BIM 应用项目的反馈信息如下：

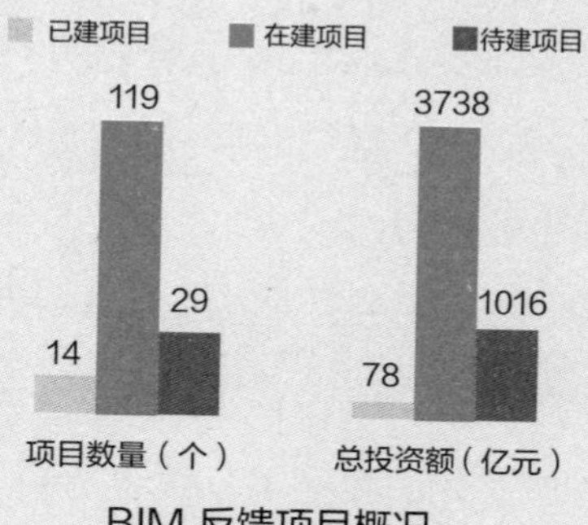

BIM 反馈项目概况

367 公里

轨道交通、道路类项目

BIM 应用规模

BIM 技术应用项目数量逐年增加，且近两年呈爆发式增长，现有大量在建项目正在进行 BIM 技术应用。

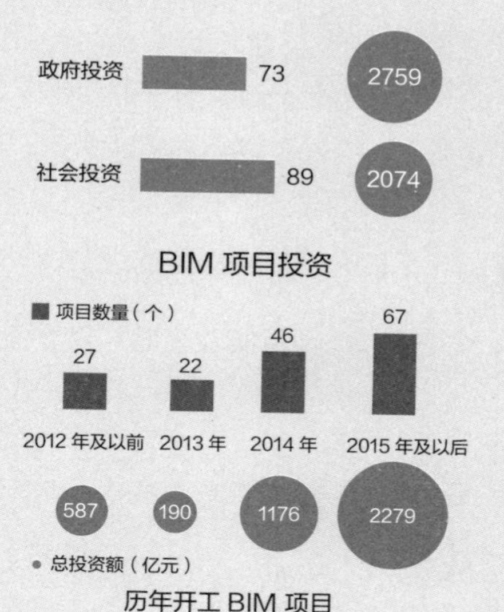

历年开工 BIM 项目

在建、待建 BIM 项目数量

在建、待建 BIM 项目总投资额

1640 万平方米

在建、待建房建类项目规模

367 公里

在建、待建轨道交通、道路类项目规模

目前在建及待建 BIM 项目

来源：《上海市建筑信息模型技术应用项目普查报告（2011 ~ 2015）》

BIM，是必需的战略

在目前这个时点上，BIM 已不再是行业前沿性的技术，而是行业的大趋势，是建筑企业必需的战略。

在目前这个时点上，BIM 已不再是行业前沿性的技术，而是行业的大趋势，是建筑企业必需的战略。企业内保守势力因这样或那样的原因，反对 BIM 技术在企业内的及早普及和深入应用，无异于漠视企业前程。

虽然很多企业尝试 BIM 技术，投入产出收益不大，整个行业负面评价也不少。但在全行业看来，仍然有足够多的成功案例证明，BIM 技术有较快、较好的投入产出比，并对项目全过程的进度、技术、成本和质量安全管理带来明显的效果，产生较大的经济效益，鲁班 BIM 解决方案经过近几年超过 300 个项目的实战，就取得了很好的实施效果。

许多施工企业实施 BIM 收益不高的主要原因在于选择 BIM 方案不当，实施方法不对。理论和大量的实证调研证明，如果施工企业从项目招标投标开始到竣工、维修服务结束，全过程充分应用 BIM 技术，大部分企业的大部分项目，有 5% ~ 10% 的利润空间可以挖掘。

建筑业项目精细化管理提出了 10 多年，几乎没有任何实质性的进展，一大原因在于建筑业的快速增长，人力资源跟不上，项目管理资源严重配置不足；二是由建筑行业本质所决定：传统项目管理作业手段，无法应对项目海量数据的即

反对 BIM 技术在企业内的及早普及和深入应用，无异于漠视企业前程。

时处理，无法第一时间发现解决项目技术问题，无法解决协同效率低、错误多的问题，即使施工 6 层楼高的保障房也是如此。BIM 技术的普及深入应用将大大缓解项目管理的这三大挑战！

BIM 技术的能力和价值，相对以往的项目管理技术手段，都是前所未有的。可以判定，BIM 技术将给施工企业项目精细化管理、企业集约化管理和企业的信息化管理带来强大的数据支撑、技术支撑和协同支撑（图 2-1），突破了以往传统管理技术手段的瓶颈，从而带来项目管理和企业管理的革命。

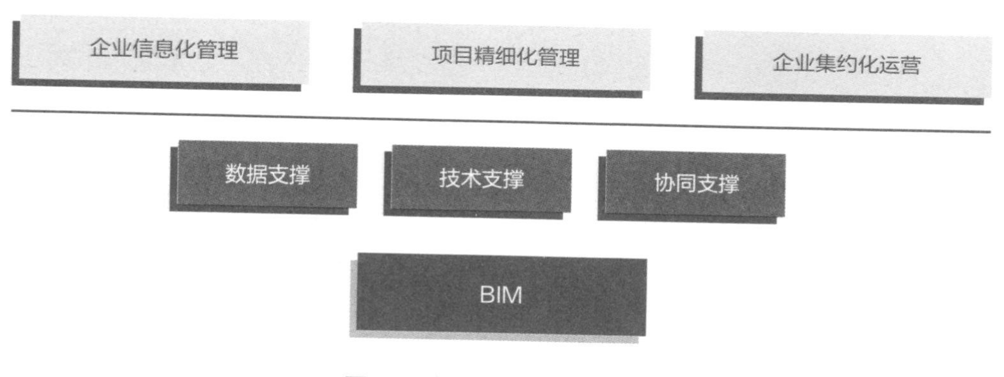

图 2-1　BIM 的三大支撑价值

可以预见，BIM 技术将成为建筑业的操作系统，越来越多的岗位作业将在基于 BIM 的系统上完成，这样能让工作更高效、质量更高，让工作成果可存储、可搜索、可计算分析。与基于 BIM 的管理模式相比，继续沿用传统管理技术手段进行项目管理作业，将有很大的效率落差和质量落差，在进度、成本和质量安全管理上将差距巨大，企业竞争力将无从谈起。这就意味着，不在 BIM 技术应用上及时跟进，即面临淘汰的危险。

但确实还有较多的企业、较多的企业高管在纠结 BIM 技术给企业和自己带来的冲击，有的始终停留在靠不透明获利的守旧思维上，有的怕透明化给自己权力或利益带来威胁。

但真相是，最不透明的建筑业，行业利润一直是最低的。不透明的建筑业从来没有给我们带来过高利润，事实上一个毛利最高的建筑业，为什么最终企业实现的利润是各行业中最低的？究其原因，建筑企业项目上和各管理层级有太多的漏洞，利润率被层层分解掉了。建筑行业人士更应看清的现实倒是：

当行业增速减缓时，如何提升自己的成本竞争力？

当业主方有能力搞得很清时，我们自己搞不清怎么办？

当竞争对手有能力搞得很清时，我们自己搞不清怎么办？

当分包和供应商搞得很清时，我们自己搞不清怎么办？

当前建筑业形式急转直下，增速趋于零甚至负增长，如果我们还想突破重围，长期发展下去，只有在两个方向上努力：一是在战略作出差异化、在细分领域上获得领先品牌的地位；二是在大数据能力上率先突破。BIM 技术就是最重要的抓手之一，能帮助我们突破工程大数据能力的瓶颈。

现在起步，为时未晚。尽快行动，让 BIM 技术尽早在企业内普及深入应用，完全可以让 BIM 技术应用成为企业核心竞争力之一。

突破项目精细化和企业集约化管理瓶颈

如何突破项目精细化和企业集约化管理瓶颈？ BIM 带来的新思路，对于企业和行业的转型升级与创新发展极具意义。

问题的提出

改革开放三十多年，中国建筑业取得了很大的发展，但不可否认也存在着较多的问题。建筑技术取得较大进展的同时，企业管理水平却几乎是停滞的，甚至在某些方面出现了退步。建筑企业必须认真思考以下三个问题：

（1）建筑业项目利润为什么一直低下？

对建筑企业来说，项目利润仍然有很大的提升空间。笔者指的是内部管理带来的利润提升空间。很多人认为建筑业是低利润行业，其实是个大误解。建筑业是唯一至今还在层层转包的行业，这就足以说明行业利润空间比较大，这是从企业层难以实现较多的利润。

（2）项目经济承包制为什么一直是行业的主流模式？

行业的恶性竞争和混乱，来源于行业的规模不经济，大企业成本比小企业高，小企业成本比包工头成本高。这与国内所有行业比，与国外建筑业发达国家比，都是极不相称的。这种现象的原因在于中国建筑企业还无法集约化运营。项目承包制，是当前管理技术条件下的一种最有效率的组织方式和生产方式，但是它并不是行业先进生产力的代表。中国建筑业的成熟阶段、真正的发达阶段，应该是项目精细化、企业集约化的管理。即项目应该是直营的，总部的管控能力应该是越来越强，企业管理模式将会形成“小前端项目部，大后台企业总部”的局面，这才是更先进生产力的代表。

> 如果从真正的行业现状的考察来看，行业的转型升级没有实质性的启动。

(3)建筑业转型升级为什么进展缓慢?

建筑业转型升级至少谈了三个五年计划，但从行业现状的考察来看，行业的转型升级并没有实质性启动。

建筑业的生产本质决定了这是个管理最难的行业。建筑产品单一性的生产，超高的复杂度，但设计目前还停留在二维的状态；建筑业不可能像制造业一样大批量的生产；工程施工前，无法先进行“样机工程”，建筑工地是流动的，项目管理团队是临时组建的，施工工艺是变化的，哪怕是只建造 6 层楼的住宅，项目地形不一样，企业不一样，生产流程也就不一样。

建筑行业的生产方式难度远比其他行业要高，如果真正要把成本理清楚，把核心业务管好，项目部和企业总部需要对一个项目的成本，从工程开工到工程结尾具有动态实时的按照 3 大维度实现 8 算对比的能力(表 2-2)。

3 大维度分析就是可以从时间维度、空间维度、工序维度分析成本数据。

工序维度又包含三个小的维度：投标清单工序 BBS、企业定额工序 EBS、施工进度工序 WBS(图 1-2)。建筑企业项目和企业总部都要有实时分析 3 大维度 8 算对比的能力，且 8 算的数据包含量、价格、造价，且数据的粒度要达到构件级。这是相当大的挑战，在今后 5 ~ 10 年内实现就相当不错了。中建系统一些公司的管理实践表明，精准的成本控制甚至还需要更多组数据对比。当前问题在于建筑企业相当多的项目上，等工程竣工了，一算还未完成。

BIM 技术的出现和成熟，给建筑企业带来一个极大的福音。

3 个维度 8 算对比

表 2-2

3 个维度	8 算（量·单价·合价）	BBS 合同清单（招标工序）	EBS 企业定额（企业定额工序）	WBS 实施工序（项目进度工序）	计算依据	数据来源	
						BIM	ERP
时间空间工序	① 中标价	●			合同、标书	●	
	② 目标成本		●	●	企业定额	●	
	③ 计划成本		●	●	施工方案	●	
	④ 实际成本		●	●	实际发生		●
	⑤ 业主确认	●			业主签证	●	●
	⑥ 结算造价	●			结算审计	●	
	⑦ 收款	●			财务		●
	⑧ 支付		●	●	财务		●

作为最复杂的行业，信息化最难搞的行业，真正要突破转型升级的瓶颈，除了客观的环境以外，突破 3 个维度 8 算对比的能力是一个必要条件。项目管理中，海量数据的创建、计算、管理和共享，项目高效和准确的协同能力，长期以来，受项目管理技术的瓶颈限制一直得不到突破。今天这样的时点上，BIM 技术突破已经让行业到了这样一个项目管理突破的关口上。

整个建筑行业，近些年增速超过 20%。高增长下，由于各种因素的集成，隐藏巨大的行业危机，在质量、安全、低碳建造上有巨大的挑战，可持续发展有相当的障碍。

问题长期存在的原因：一是企业家战略能力偏弱，危机感还不够强，企业倾向于先做大再做强，管理的内功需要进一步的提升；二是建筑行业标杆企业还不够，很少甚至是没有。房地产行业有万科王石、SOHO 潘石屹这些创新思想家、企业家，他们的引领作用巨大，行业进步方向清晰；三是管理技术需要突破，有心无力也不行。

总之，转型升级的问题一定会回归行业本质，使建筑业的核心业务能够实现项目管理精细化，企业管理集约化。建筑企业最终的目标，是哪怕面对1000个项目，都能进行直营、集约化的管理，集约的材料采购、集约的资金运营、资源调配。当前依靠经验、依靠人的项目管理模式很难实现这样的目标，必须升级到依靠数据、依靠系统才可以有力地提升建筑企业管理能力，实现期望的企业目标。

BIM 技术的核心能力

设想一下，有一种信息技术能够把实体的工程在电脑里成功创建，而且还是7个维度结构化的数字化模型，其中工程数据和信息是结构化的，形成一个有机关联整体模型的数据库。各个维度参数一旦确定，可以立刻得到统计和分析的结果；另一方面，如果这种技术能够把数据的分析粒度精细到构件级，甚至是更细；再者，每个构件上可以承载大量的数据，构件几何的尺寸、材质、规格、型号、造价、施工企业的名称等，甚至哪个人哪天做上去的。

BIM 技术拥有三大核心能力（图 2-2）：工程多维度结构化数据库，对象粒度达到物件级，形成工程的大数据平台，会给建筑业的管理带来什么样的变化呢？

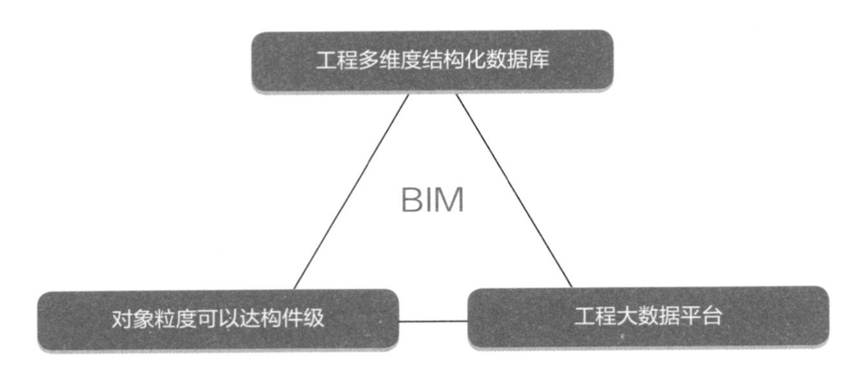

图 2-2　BIM 技术的三大核心能力

转型升级的问题一定会回归行业本质，使建筑业的核心业务能够实现项目管理精细化，企业管理实现集约化。当前依靠经验、依靠人的项目管理模式很难实现，必须依靠数据、依靠系统。

研究和实证表明，这三大核心能力使得这一想法的场景成为现实，其带来的变化将是革命性的。7 个维度（3D 实体 +1D 时间维度 +3D 工序维度）的数据库一旦建成，工程的计算能力、分析能力、精细化管理能力就有一个强大的技术支撑和数据支撑，过去直营做不到的，管理触及不到的很多问题就会突破。国际工程界已经达到共识，BIM 技术将给建筑业生产力带来革命性的进步。

上游有一些企业家已经非常重视了，像 SOHO 潘石屹把 BIM 的应用作为企业今后发展的三大核心竞争力之一；而王石则表示，BIM 技术让房地产机会仍然存在；万达王健林更是将 BIM 写入年度工作报告，作为年度重点工作从战略层面加以重视，应用并强制执行。如果业主提前掌握了 BIM 技术的应用，建筑企业会面临什么样的问题，值得深思。

几千年来的工程建造，我们建起了长城、运河，我们建成五百多米高的上海中心、平安大厦，技术上有了极大的突破，但建筑业一直想要有的一种能力，现在 BIM 技术的发展使这种愿望得以实现。行业终于有了一直需要的项目管理支撑技术：一是随时、随地快速查询到最新、最准确、最完整的工程数据库；二是具备了创建、管理、共享工程基础数据、甚至过程数据的一个强大协同平台；三是实现虚拟建造，让建筑业也有了类似专业的“样机工程”能力，极大地缩小了建筑业和制造业的差距。

为什么建筑业比制造业质量、管理能力差很多，王石也一直在提倡向制造业学习，很重要的原因之一是制造业可以通过样机的优化，不断打磨再大批量生产，

SOHO 的 BIM 重视度

潘石屹作为明星人物，对于 BIM 的推广起到了重要的作用。2011 年，潘石屹宣称 BIM 技术将是 SOHO 未来十年的三大核心竞争力之一（图 2- 3），并利用微博、博客、视频等对 BIM 这一建筑行业专业技术对全社会进行了大量的普及工作。

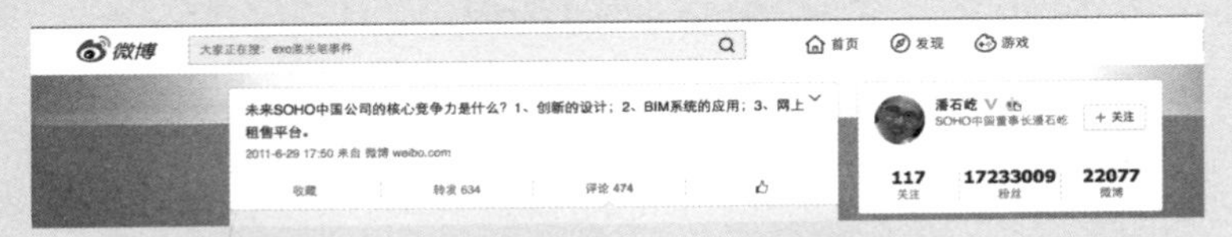

图 2-3　潘石屹将 BIM 列入 SOHO 核心竞争力之一

SOHO 采用 BIM 技术的初衷似乎只是无奈。SOHO 开发的 26 个项目中，银河 SOHO 是采用 BIM 的转折点，因为扎哈的设计有大量圆的、双曲面的设计，给施工、材料带来了很大难度。“扎哈的参数化设计逼着我们要采用 BIM 系统，对我们的设计、建设工作是很大的提升。”（见潘石屹 2011 年 8 月 11 日微博）

“以前在施工中，图纸发现不了的错误，只要放在这个系统上，不合理的地方会很快就显示出来了。实施 BIM 系统对我们的公司管理、工作流程都是一场革命。在提高了整个工程质量的同时，BIM 每年还能节约非常可观的洽商成本。洽商简单来说，就是在施工的过程中，如果发现设计图纸是错的，不修改工程就进行不下去时，设计师需要签个字说同意洽商，修改设计图纸，这样设计费用就上去了。任何一个项目的洽商成本要好几千万元不止，而 BIM 系统整体投入仅为一两千万元。”（见潘石屹博客）

在 2013 年的 AU 大师汇上，潘总表示，在没有 BIM 之前，每建完一个项目后都有一个 20 多人的队伍叫打孔队，设计不完善的地方打个洞，让管子出入。而银河 SOHO 通过碰撞检查，发现了 4000 多个碰撞点。最终这个双曲线、异型且极端复杂的建筑最终只花了

而建筑业不可能造一个样板房再拆了重来，但是 BIM 软件可以在施工以前把所有的设计问题、施工策划的问题模拟一遍，把所有的问题解决后，再开始施工，这会让工程做得更好。

6300 元 / 平方米，而且在 36 个月的计划工期内如期完工。而之前 SOHO 直上直下型的建筑造价都达到了 10000 元 / 平方米。而外滩 SOHO 通过 BIM，成本更是降低了约 10%。

因此，SOHO 对 BIM 的重视度不言而喻，早在 2013 年就成为项目招标的必备条件（图 2- 4）。

图 2-4　SOHO 将 BIM 列入投标必要条件

BIM 的一个重要价值体现是成本的控制，现在花了多少钱，将来还要花多少钱，最终能带来什么成果。通过 BIM 技术，外滩 SOHO 项目成本已经降低了 10%，预计最终成本能在总的建安成本上再降低 5% ~ 8%。

此外，SOHO 还研究应用基于 BIM 的能源管理。目标是管理数据的节点，通过互联网先传到施耐德的云，再通过施耐德的云传到现场，可以把项目每天的耗电量、耗电量的构成情况、每个房间的温度情况、PM2.5 情况等都反映出来。

为此，2013 年 11 月 15 日，SOHO 下定决心全面推行 BIM 工程协作系统，这对公司的管理体制也是个大的变革。公司要求所有员工必须在这个平台上工作，通过强有力的手段在公司层面把好的工具利用起来。

基于 BIM 的项目精细化管理

实现工程项目的精细化管理必须要有强大的数据支撑，当然还需要强大的技术支撑和协同支撑。在项目级的管理上，BIM 可以从数据、技术和协同三大方面对进度、质量、成本和安全的精细化管理提供非常强大的支撑。

观点 PK 之：BIM 对精细化的价值

沙坪建筑杨总

管理的精细化与应用的精细化在目前的施工企业中很难。

鲁班咨询杨宝明

BIM 技术成熟前，想搞好精细化管理也很难，光靠流程、制度和人都是不够用的。因为即使一个小工程也拥有海量的数据。BIM 技术的普及和深入应用，将为企业提供核心竞争力。因为这个技术的应用有一定的门槛和很高的应用提升空间，会让企业产生管理上的差距、信息化能力上的差距、技术上的差距。

新鲁班周总

目前整个企业一下子精细化是不现实，应该是个从点到面，一点点推进的过程。

隧道股份刘总

刚进入施工单位时，觉得这里的管理与制造业相比，真的很粗犷，要让一个粗犷的人一下子变得细腻，他自身的抗变力度很大。变，是一个过程。

中天装饰张总

和制造业相比，建筑业还处于石器时代。

鲁班咨询杨宝明

施工企业项目管理精细化为什么难？第一就在于数据能力不足，BIM 为此而生。

BIM 吉清

还有一个沟通能力不足。外部：与设计的沟通；内部：项目部与总部，项目部各岗位之间的沟通。

新鲁班贺灵童

关于沟通能力的不足，我认为一大关键是沟通工具的缺陷，二维的图纸，毕竟没有三维的模型那样直观。

鲁班咨询杨宝明

这属于协同问题，研究报告显示大约损失了工期的 20% ~ 40%。现有协同难题：1. 对 2D 图纸的理解不一样；2. 没有数据，按经验理解（特别是管理上）。

新鲁班王永刚

过去一些用于管理的数据产生，多依靠人的力量，及时性、准确性、共享性不高。BIM 的价值，就是能够让管理者及时、准确地获取数据，为有效决策提供依据。

来源：《新鲁班》读者群

> 建筑企业集约化管理必须从数据集约化开始。没有数据的集约化管理能力，直营就是一句空话。

首先，BIM 的可视化也带来了巨大的价值，实体模型作为讨论协同的基础，可以有效地提升决策的效率。当然，单看实体并不是关键目的，更重要的是 BIM 模型中每一个构件上都承载着所有的数据信息，并可进行各种各样的计算。

BIM 带来计算能力、数据能力大幅度的提升。十万平方米的工程，一个有经验的团队在 10 天之内可以把所有专业（包括土建、钢筋、机电所有专业）的模型建立出来，精细地算出工程量，并进行任意维度的工程量数据的统计分析。

BIM 可以模拟施工的过程，这是一个进度的计算。各个专业冲突的技术问题，过去大工程几十个人，甚至上百人在那里讨论解决技术冲突的问题。而 BIM 软件可以通过空间位置的计算，用很少时间就能把所有问题彻底找出来。

深化设计时，模型可以提供可视化的审核，计算空间的位置实现多专业的碰撞检测，进行多种施工方案的比较等，利用 BIM 技术发现这些问题，并在施工之前解决这些问题。这在所有大型工程当中都可以节约大量的时间，减少资源浪费。

施工阶段的 BIM 应用是超过设计阶段的，因为施工企业投资回报率很高，可以先用起来。例如，通过碰撞检测这样的能力，第一时间发现问题，第一时间解决问题，如结构的预留洞位置准确定位。

施工过程的模拟，可以利用 BIM 非常清晰地表现出来，对于施工企业整体施工方案的策划非常有价值。通过这些维度的模拟，在二维状态下，很多冲突、问题，在工序交接过程中看不到的危险被预先发现。这些在实践过程当中取得非常好的效果。

鲁班 BIM 系统拥有一个智能手机移动应用，将拍好的照片自动跟工程 BIM 模型的位置相关联，现场通过拍照上传至系统实现现场管理。后续开施工协调会将很轻松，一看照片就可以知道施工进度怎么样，什么位置有什么问题，可以利用这个系统跟进现场问题的解决。

配以这样一个基于 BIM 技术的终端，远程把企业所有项目上的所有数据调过来，甚至项目在地球的哪一个位置上，在哪一条道路上，可以知道周边的环境，当然更知道这个模型里面所有的数据、信息，如工程量的数据、材料的数据，包括所有管理所需要的其他信息，质量、安全的数据，这样会带来一个什么样的变化？最后 BIM 模型可以成为一个数据提供的中心、信息的枢纽，这样一个强大的 BIM 数据库中心成为企业的大后台，为多个项目部，为同一个项目的各参与方、各岗位人员提供数据、技术、协同的支持，整个建筑企业，行业的管理效率、管理模式得到开放。

基于 BIM 的企业级集约化管理

建筑企业集约化管理必须从数据集约化开始。没有数据的集约化管理能力，直营就是一句空话。

真正的优势建筑企业，核心竞争力之一必然体现在企业级的成本管控能力上。

如何掌控 1000 个大型项目的成本？成功的企业管控能力必然要基于和项目的信息对称能力。集约化的时候，总部和项目部的信息对称能力要非常强，项目的预算员、项目经理掌握哪些数据，总部也有实时掌控数据的能力，信息的及时性、对应性、准确性、可追溯性有能力把控。有了这样的架构，这样的系统，项目管理、企业管理会得到很大的提升和改进。企业的转型升级必然需要一个数字神经系统，项目部数据、信息可以快速传输到总部，这样管理才能突破、精细管理才能实现。

企业级的 BIM 数据库可以和 ERP 管理系统结合，大大提升 ERP 和管理能力和实用价值。研究表明，上一轮特级资质的信息化失败较多，重要原因之一就

观点 PK 之：ERP 为什么需要 BIM？

杨宝明说

为什么建企 ERP 需要与基于 BIM 的基础数据解决方案结合？因为工程海量复杂的基础数据（特别是量、价）需要一个多维度结构化的基础数据库支撑，数据的粒度要能达到构件级，甚至更细（如钢筋），才能解决数据的准确性、及时性、对应性、可追溯性。基于 BIM 的企业级工程基础数据库可解决此问题。

费哲 FM 顾问陈光

建筑企业的 ERP 非常不同于其他工业制造业，因为 ERP 最基础的 BOM 在建筑业具备其独特的运作方式，这导致了传统 ERP 的思想应用于建筑业的失败。CaBIM 能够解决这个问题，但是其解决方向是朝着 ERP 还是 BIM，意义非常不同。

heguanpei

BIM 为 ERP 成功要素之一的项目原始数据及时准确获得提供了一种比没有 BIM 以前更有可能的可能。

杨宝明说

特级资质信息化的问题大都在此表现得很严重。临考评前，调集一二百人录数据，是一件很有趣的事情。基于 BIM 的基础数据解决方案可以将施工企业从录数据的苦海中解脱出来。特级资质后，ERP 厂商会逐渐开始加强这二者的打通，需要双方的努力。

鲁班咨询杨宝明

建筑业传统 ERP 有一些功能不足，一定要通过与 BIM 系统结合来解决。如项目上基础数据的四性问题：及时性、准确性、对应性、可追溯性。

上海安装呼总

BIM 解决一个 PM 的基础数据源及其合法性的问题。

武建熊总

我个人理解，现代化的 ERP 核心价值，就是要基于 BIM 的数据平台承载。

来源：新浪微博、《新鲁班》读者群

是缺乏基础数据的提供和支撑，导致两大问题：一是项目部实施信息化，增加很多的工作量，阻力肯定很大。信息化的一个目的是为了管控，让总部的控制能力更强，还要让项目部做更多的东西，所以基于 BIM 技术，提高底层生产力，对于控制力也要加强。二是 ERP 系统没有基础数据系统的支撑，该用多少钱，该用多少材料，该用多少人工都无从得知，系统就变成空中楼阁，只知道花了多少钱，不知道该花多少钱。这是现有企业做 ERP 的普遍问题，因为数据是项目部自己填的，而不是从一个源头提供出来，准确性、及时性、对应性和可追溯性都无法保证。所以行业下一步的信息化必须解决基础数据来源的问题。BIM，作为基础工程数据的提供者，作为从工具级上升到项目级和企业级基础数据解决方案，非常有必要和 ERP、项目管理软件配合起来，为企业创造更多的价值。

现在 BIM 的应用价值已经非常大，将来还会有更多的应用，每年都会有较多的 BIM 应用被研发出来，利用数字化的 BIM 模型实现全面提升项目的精细化管理和企业的集约化管理水平，时机已经逐渐成熟。

工程造价管理新思维

建筑业市场混乱、集中度提升缓慢与行业利润率低下的重要原因之一是建筑工程造价估算困难，信息严重不透明，需要新技术、新思维的突破。

建筑业市场混乱、集中度提升缓慢与行业利润率低下的重要原因之一是建筑工程造价估算困难，工程造价信息严重不透明。不透明的市场环境难以形成优胜劣汰的市场竞争机制，市场集中度就难以提高，市场就会充满无序恶性竞争。造价成本管控困难，建筑企业利润被层层截流在基层，富了和尚穷了庙。也正由于市场不透明，就会有更多的人敢于浑水摸鱼，在招标投标和工程结算上搞腐败。

工程总造价及时准确估算困难，主要原因在于形成造价的三大关键要素（图 2-5），即工程量、价格、消耗量指标（造价指标、企业定额），国内工程建设各方（业主、造价咨询顾问，承包商）都难以利用现有的技术手段快速准确地算清楚。

图 2-5 造价三大要素

针对工程量计算，现阶段甚至还有少部分造价人员在用手工计算，速度慢，误差大。

材料、设备、机械租赁、人工与单项分包价格还要靠信息员人工采集数据的定额站和建材信息网提供数据，与实际的市场行情相比，价格信息的准确性、及时性和完整性都有严重问题。

消耗量指标还在引用数年一编的定额，甚至是将近 20 年前的定额依据（如上海还有大量工程引用“93 定额”），与实际情况差距甚大。

造价分析还靠本地的单机软件，对单个工程和一个计价项目汇总数据分析，不能按部位、时间分析。

这种情形使得准确快速测算成本造价非常困难。客观原因在于这些造价要素的确定由于计算复杂、数据海量、市场波动大和工作量巨大，存在相当大的实际困难。但根本原因在于我国工程造价领域缺乏创新活力，使造价咨询企业和软件信息服务商创新能力不足，加上各地造价管理条块分割严重，标准林立，阻碍竞争，阻碍了中国造价行业的技术进步与创新发展。

观点 PK 之：BIM 技术来了，造价师要被淘汰了？

新浪网友

BIM 时代，目前的造价软件一定会灰飞烟灭！造价的最大工作量在于算量；BIM 已经完成了精确算量，其余的部分正是展示各施工企业核心竞争力的部分；有了精确算量，再需要的就是量身定制的个性化计价系统。

SketchupBBS

BIM 技术达到这么灵光的话，估计造价师要失业了哈。

杨宝明说

这个说法不成立的。造价师会越来越重要，越来越吃香，需求也越来越大。但今后造价师的工作会更多地在投标策划、合同管理、成本控制、索赔签证等高端工作发挥作用，而不是像现在一些造价员还在列式子按计算器，这个会被淘汰掉。

又逼着我改名

杨总，如今 BIM 发展迅猛，势必会对传统造价行业产生冲击。在您看来，是否施工方和造价咨询方的造价人员会面临失业危机？而我作为入行没多久的造价员，未来的职业规划该如何调整？

杨宝明说

更多的是机会，对不努力的人是灾难。传统造价人员要往两个方向发展：一是提升自己的合同管理和项目管理的水平，要成为一个管理型人才，而不是一个机械式的预算员；二是掌握 BIM 技术，成为 BIM 技术的领先者，造价员是有优势的。重要的是努力、学习能力！

来源：新浪微博、新浪博客

随着信息技术的发展特别是互联网商业模式不断推陈出新，工程造价的各关键要素都可以找出很好的解决方案。这些解决方案可以使工程造价人员有能力快速准确获取各造价关键要素数据，快速准确分析工程造价不再成为太大的困难，让行业比现在透明很多，使行业混乱和浪费的局面改进很多，让施工企业的管理水平提高很多。

工程造价关键要素深入分析

从总造价计算式（图 2-5）相关的各造价要素，以及对应的难点问题，逐一分析：

工程量

大中型工程的计量工作，在全过程造价管理过程中工作量是相当大的，且有相当大的计算难度，如曲面弧形等不规则构件的扣减非常困难。从头到尾完整计算一次已属不易，耗时巨大。全过程造价控制，要短周期不停地统计、拆分和组合各阶段工程量数据，向各管理条线提供数据，工作量更是浩大。如在过程中不能跟上工程进度，很多成本管控流程就难以实现，造成大的漏洞。手工计算中产生大量差、错、漏也严重影响了企业效益。

建筑业产品单一性的生产特点决定了上述工作对企业来讲不是一次性的，而是每个项目都是新的一套数据，导致根本没有标准的类似制造业的 BOM（Bill Of Material）表。建筑工程是大规模产品，每个工程的实物量需详细到每个构件，数据是海量的，这是已经模块化制造的普通制造业所没有的麻烦，工程量的难题就在于此。在手工作业方法下，项目部每次调用统计分析数据都相当困难，企业总部查核项目部所填报的实物量数据也相当困难，造价咨询顾问核查承包商按月进度提交实物量也存在难度，很多不负责任的咨询顾问以抽查部分或打个折扣了事。

手工作业处理工程量数据已很难适应全过程精细的造价管理和工程各条线管理的需求。

名词解析之：BOM

BOM：物料清单（Bill of Material，BOM），采用计算机辅助企业生产管理，首先要使计算机能够读出企业所制造的产品构成和所有要涉及的物料，为了便于计算机识别，必须把用图示表达的产品结构转化成某种数据格式，这种以数据格式来描述产品结构的文件就是物料清单，即是 BOM。

在 MRP Ⅱ 和 ERP 系统中，BOM 是一种数据之间的组织关系，利用这些数据之间层次关系可以作为很多功能模块设计的基础，这些数据的某些表现形式是我们大家感到熟悉的汇总报表。

BOM 是 PDM/MRP Ⅱ /ERP 信息化系统中最重要的基础数据，其组织格式设计和合理与否直接影响到系统的处理性能。

BOM 不仅是 MRP Ⅱ 系统中重要的输入数据，而且是财务部门核算成本，制造部门组织生产等的重要依据，因此，BOM 的影响面最大，对它的准确性要求也最高。正确地使用与维护 BOM 是管理系统运行期间十分重要的工作。

此外，BOM 还是 CIMS/MIS/MRP Ⅱ /ERP 与 CAD，CAPP 等子系统的重要接口，是系统集成的关键之处，因此，用计算机实现 BOM 管理时，应充分考虑它与其他子系统的信息交换问题。

来源：百度百科

价格

建筑工程所牵涉的价格信息大致分为：材料、设备、人工、租赁、专项分包。材料按产品、规格、型号、品牌、产地，分解开可超过数十万种以上。中建某局 2007 年上了 Oracle 的 ERP 系统，钢材种类已达一万种以上，整个编码体系由于管理手段不够强，已扩展到将近 100 万个了，很担心失控而导致 ERP 崩溃。在这样规模的种类面前，每一种产品的价格都随时间、地域快速的变化，这种变化按“天”来描述才能满足真正的要求。而现在很多定额站还只能提供季度中准价，或者月度中准价，种类覆盖面离需求更是差得很远。要准确描述地域价格，数据

100 万

中建某局 ERP 系统的编码体系已经扩展到了近 100 万个，钢材种类达 1 万种以上，很担心失控导致 ERP 系统崩溃。

量则更大。事实上一种产品因采购量大小、付款方式不同、送货距离远近等影响在上海地区同一天用 50 个价格描述，准确度并不一定够。

定额站、建材信息网以及一些企业对价格信息的收集处理方法，还停留在人工处理的阶段：以信息员的名义向各供应商要数据，经过处理后，放上网或印成册子供查询。这样的方法已相当过时，价格数据的准确性、及时性、全面性与实际需求差距都很大。

准确性：供应商对信息员询价的回应是极其不准确的，对供应商来讲，信息员询价对它不产生生意机会，一定会报高价不会推出“诚意价”。研究表明，只要是人工处理这些数据，都是搞不定的。

及时性：由材料品种太多，数据整理没有强大的系统，统计分析发布周期过长，即使原有数据比较好的准确性，也将因过时而失效。

全面性：建材设备品种实在太多，目前各大材价信息源的数据都很有限，难以满足现实需求，主要原因是目前行业还停留在人工采集处理数据阶段。

正因建筑业价格信息存在严重的不透明，业主对承包商的报价，以及承包商对供应商的报价都难以轻易地确认，导致建筑业采购环节问题非常多。

消耗量指标

建筑工程工序数量庞大，各工序项目的社会平均先进水平的消耗量水平制定有许多难题。

材料、设备、工艺在不断变化，如何收集、编制合理的消耗量指标值？按照苏联定额的老套路是很难跟进市场变化的。当数百位专家会战几个月的定额数据编制，发布的第二天其实已经过时了，因为又有很多新工程新材料涌现出来。实施清单报价后，所有专家都认为，每个企业都应有自己的企业定额，提出了很多年，但即使是中建和上海建工也不易编制出来。目前在上海很多企业还拿“93 定额”作分析，

观点 PK 之：企业定额

上海隧道 张总

国内的清单招标其实是个很搞笑的东西，报价一定要用定额套。我们投标的报价套用定额完全是应付招标的要求，价格换算成自己想要的价格就行了。

中建安装 宋总

企业对外投标时需要通过企业定额 + 风险评估来控制成本。

江苏邗建 熊总

说实话，企业定额是没有多大意思的。假如你在各地有几十个分子公司，各地方的定额标准不同，可能会有几十种甚至几百种不同的定额。且同一地点同样的项目因项目情况的不同，其报价也会相差很远。

上海隧道 张总

以我们公司为例，投标时核心技术（如地下连续墙、盾构掘进）采用公司内部价格（企业定额）为基础进行报价。对于常规施工内容，由于中标后也是分包出去，因此都是以分包询价后综合考虑为主。其实对分包的询价我认为也是一个动态的企业定额。随着市场化的越来越深入，企业定额可能会慢慢消失。以后的企业投标可能是信息的竞争，谁能获得更低成本（人、材、机）的信息，谁可能就掌握了主动。

中交路桥 雷总

企业定额就目前来看有两大作用：其一，参与市场竞争的实力衡量尺度；其二，企业内部成本核算的尺度。

中建安装 宋总

市场透明化与信息趋向对称是相辅相成的，未来的市场，现在的秘密也将不再是秘密。企业定额应该是涵盖管理技术的、衡量管理水平的定额。

鲁班咨询 杨宝明

企业定额会趋向于量价分离，才能适应市场价格的波动。

上海隧道 张总

企业定额是在信息不对称情况下的特殊产品。以后肯定会随着信息时代的繁荣而逐渐演变成企业信息库。

来源：《新鲁班》读者群

拿近 20 年前的生产力标准做生产计划和造价评估，这是其他行业难以想象的。

造价指标显然也很重要，全中国每年在建项目 100 万个左右，这些工程造价指标数据无疑是一笔宝贵财富。如何收集形成一个数据库？这一直是个难题，对行业是个难题，企业内也是个难题，至今无有良策。

全过程造价分析

工程造价是一个动态的概念，在建造过程中，设计在变更，市场采购价格在动态变化，造价分析不是工程开始分析一次就可以了。过程中签证，价格变动，设计变更，引起从量到价的变化，期中付款、多单体的项目群等造价分析，都需要一个强大的造价全过程分析解决方案。当前市面上软件还只能做到人工汇总量和单机软件套价等简单功能，十分原始和落后。

工程造价新思维（新一代解决方案）

信息技术（BIM、大数据、互联网技术）的高速发展和互联网商业模式（SNS、Wiki、搜索）的不断创新，我国工程造价复杂海量数据处理的难题完全可以有全新的解决方案了。

我们可以开始构建全新的中国工程造价分析的技术框架（图 2-6），工程造价人员在造价分析时，应具有企业级和行业级实时准确动态的造价关键要素的数

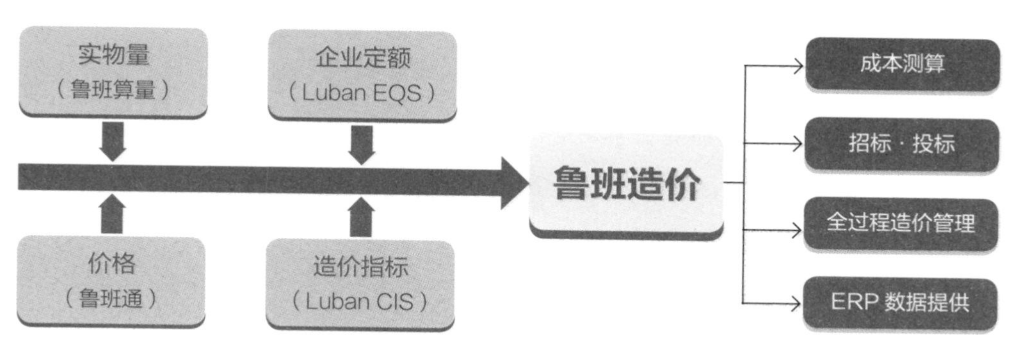

图 2-6 造价分析框架

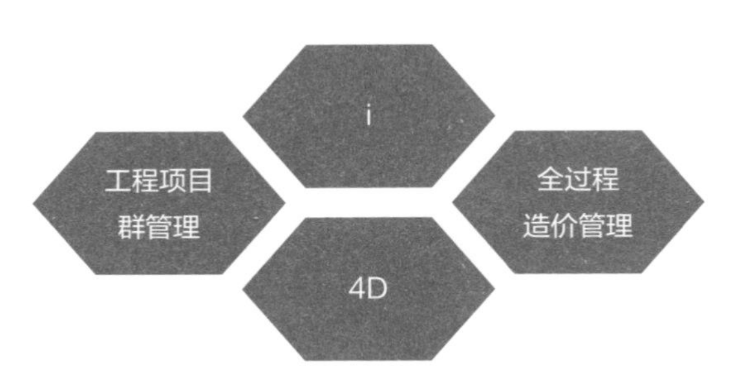

图 2-7　造价分析的四大变革

据库支撑，即工程量、价格、消耗量指标（造价指标、企业定额）数据库。这些数据库具有低成本、高效率自增长积累和自完善机制，为具有快速准确的动态造价分析能力创造条件，使当前仅能依托本地过时数据简单组价的第二代清单计价软件升级到具有四大革命性创新的第四代造价分析系统（图 2-7）。

i：基于“云 + 端”的造价分析软件成为一个前端软件，数据分析只需通过互联网，从“云端”可调用庞大后台四大数据库，这些数据是实时、动态的且具有较高准确性和完整性。

4D：算量软件形成的 BIM 模型和数据，几乎可以被造价分析软件完全利用，通过 7D· BIM 的支撑实现双方向分析造价，框图出量出价和由价反查到图中的具体楼层、具体构件。造价今后将是 7D 可视的，基于 BIM 进行分析。

项目群管理：传统的计价软件是单位工程分析，远远满足不了大型项目（建筑群）的管理需求，也无法满足企业级造价分析的需求。新一代造价分析软件使之具有这样的能力，从管理一个“点”，扩展到一个大型“矩阵”（图 2-8）。

全过程分析：将工程建造过程中所有变化的因素融于一体，进行全过程的管理分析，掌控动态造价成本变化过程。

实现这些目标，有赖于三大基础数据库的成功建设。

工程量解决方案：基于 BIM 技术的算量软件

全面普及高性能算量软件，是必经之路。高性能算量软件基于 BIM 技术，

图 2-8　新一代造价分析系统管理矩阵

实现与造价软件无缝连接，即含图形和实物量数据共享，可以让造价软件价值成倍提升。

可以据造价分析需求，快速准确提供任何条件的拆分、组合、汇总工程量，完全满足分析所需，这样的技术实现还将为 ERP 系统实现企业级管理创造巨大的价值。

建立具有 7D 关联数据库的 BIM 是建筑业精细化管理和提升项目管理协同效率的关键支撑。手工作业无法实现管理所需，这已被充分证明，BIM 技术固然被称为建筑业生产力革命性技术。

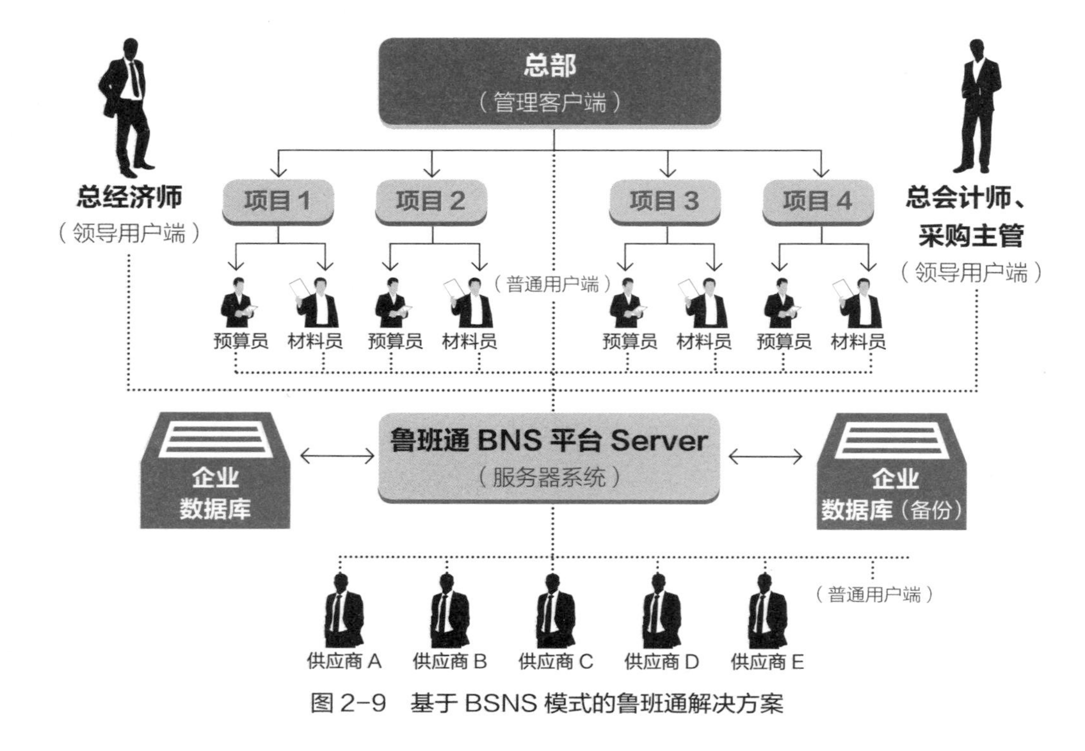

图 2-9　基于 BSNS 模式的鲁班通解决方案

价格信息（询价）解决方案：鲁班通 BSNS（Business Social Network Services）平台

鲁班通是基于 BSNS 理论的互联网价格信息平台（图 2-9），从提高造价和采购人员的询价工作效率入口，通过使用高效软件询价方式代替低效传统的电话询价，实现人人贡献数据，人人分享数据的目的。

鲁班通用户网络连接方式类似于 QQ 系统，即造价采购询价人员和供应商各装一个很小的客户端软件，通过互联网与鲁班通服务器进行相互连接，实现相互询价报价，代替手工电话、传真、Mail、QQ 的询价方式。

但二者又有两点很大的差异：

一是鲁班通系统相互信息联络只限于数据表格方式，不准用聊天方式，即传送的是“数据表”而不是“文本”。数据表将往来信息形成了一个结构化的数据，为后续利用数据起到关键作用。需要重视的是，这些数据表为数据的积累并形成庞大的数据库打下基础。

另一点不同是鲁班通可形成企业级应用，可设定一个用户群居于某个企业，则所有相关用户的往来数据都进入其企业自己的数据库服务器。

这样的一个联网系统几乎没有改变材料员、造价员任何工作流程，反而提高了询价的工作效率，减少了工作量，同时还可以自动积累起所有原始数据。对这些数据挖掘分析，就可形成共享的企业中准价、供应商和产品信息等。这些数据是真实交易双方互动过程数据，比信息员询价要真实准确很多。一个有数百个材料员、造价员的建设企业，用这样的系统积累数据是相当快的，且是自增长的。

通过服务器数据智能处理模块，可过滤无效数据，对材料编码半自动（加专家组控制）管理，是一个自增长且自优化的系统，部署成本低。

这样的系统不仅能解决价格信息自动采集、处理、发布的问题，由于在企业内部实行了采购原始数据的透明化，还能大大遏制工程采购环节的腐败，降低采购成本。

当前的人工电话询价方式，基层采购人员是信息优势者，上级领导是信息劣势者，由于信息量巨大，采购管控十分困难。大型建筑企业只要部署这样的系统，

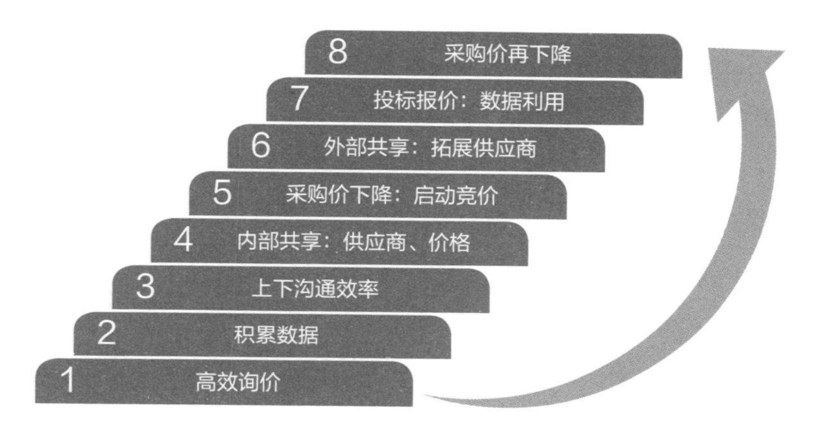

图 2-10　鲁班通价值实现流程

信息优劣势分布即调了个头，即企业领导是优势者，随时快速获取所有价格数据，通过系统分析获得数据作为决策依据，而基层人员未经授权只能知晓自己的数据。

招标投标、过程成本控制从企业数据库调用价格数据，其准确性、及时性和全面性将比目前定额站和建材网的数据高很多。当前我国大型建筑企业项目数量可达 1000 个，材料、预算（与价格打交道）的总人数可达 2000 人以上，根本不缺数据的来源，而是缺少一套灵活、高效、容易部署的大数据系统，鲁班通将解决这一难题。

图 2-10 描述了鲁班通的价值实现流程。

消耗量指标（企业定额）解决方案：基于 Wiki 的互联网数据库平台

建立高质量的消耗量指标（政府定额，企业定额）同样有赖于创新方法论和基于互联网的数据库系统的支撑。

在方法论上，可以引入互联网 Wiki（维基）模式，通过开放、对等、共享

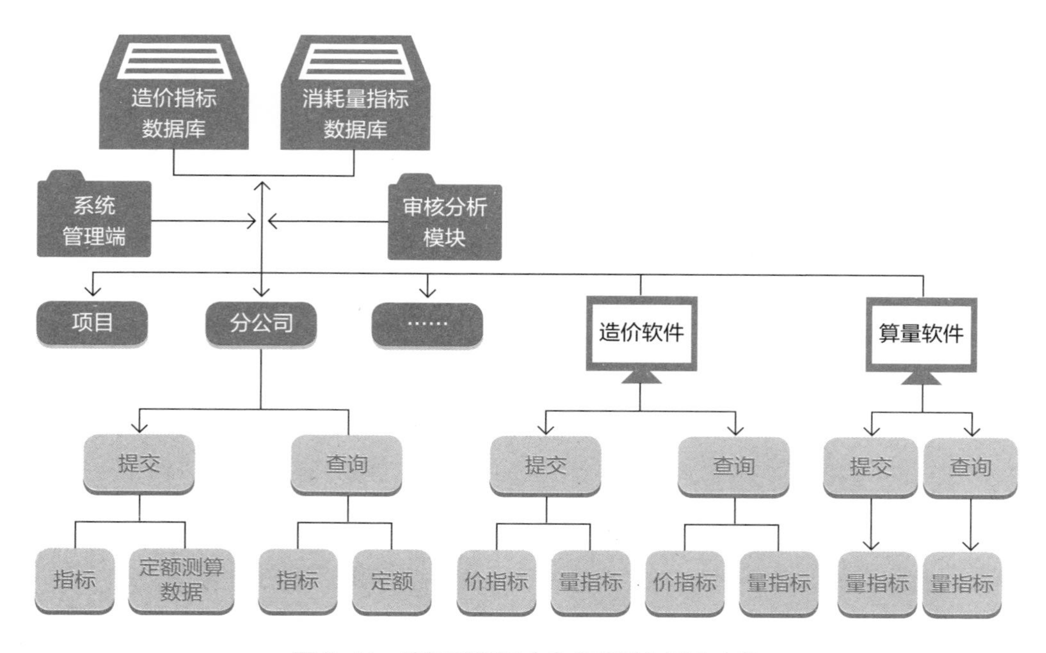

图 2-11　消耗量指标（企业定额）解决方案

基于互联网、有 7D · BIM 支撑、有三大动态数据库支撑的新一代造价分析解决方案，是一个有机的系统，实现自我积累、自我增长、自我优化。

和大规模众包（众筹）运作的方法，调动全企业（全社会）所有的专业资源，将消耗量指标建设化整为零，动态建设，动态维护，逐步提升，将问题简化。将过去依赖少数行业专家多年突击一次的做法完全改变。

在一个基于互联网的数据库系统（图 2-11）支撑下，每一个条目可由企业专家小组指派给几个项目部执行测量数据，通过系统的客户端软件填入测得的数据，汇总后专家小组进行评议处理，或平均值或中间值，确认后存入定额数据库。第二天开始企业内所有造价人员即可调用该条目数据。管理上还可以设计一个激励机制，激发基层项目部贡献数据的积极性，从而形成良性循环。

实施本方案，企业可从现有的政府定额数据库起步，对不合适的条目重新测量，对新出现的材料、工艺也可部署测量增加，日积月累，就会形成自有的、体现自己企业竞争力的较为严谨准确的消耗量指标数据库。

每一个条目可反复被修正，历史版本都将被保留，这样形成的是一个动态数据库。今后企业定额不应是 93 定额、2000 定额，而是可以按具体日期确定版本了。这样的定额库每天都可以有变动，调有某一时间点的历史数据库又非常简单容易。

造价软件、算量软件与消耗量指标数据库直接连接，可直接调用指标数据计算分析造价，每次计算完成的造价指标、工程量指标又可存入造价指标数据库，不断地在自我循环、自我积累和自我优化。

这一模式源于非常成功的维基百科（Wikipedia），Wikipedia 自 2001 年在美国建立以来，迄今已拥有 1200 万个以上的条目（大英百科全书不到 7 万条目）。中文维基建立以来，也已经拥有将近 30 万个条目，专家认定条目质量还胜于大英百科全书，而 Wikipedia 专职管理人员仅 5 人。

互联网人人贡献人人分享的巨大力量将过去所谓海量的工作变得容易了，这为我国造价管理的变革带来无尽的智慧，创新将焕发行业生命！

在实物量(BIM)、价格信息、消耗量指标(造价指标)三大数据库支撑下，动态、实时准确分析造价已不是难事，延续近 20 年的基于静态数据库和单机造价软件的简单分析方案必须尽快被淘汰，取而代之的应是基于互联网、有 7D·BIM 支撑、有三大动态数据库支撑的新一代造价分析解决方案，它更是一个有机的系统，实现自我积累、自我增长、自我优化。

开创工程造价管理新时代

本文提出的工程造价管理新思维，勾画出具有革命性意义的新一代造价分析系统的灿烂前景，本文思想的实施将给中国造价行业直至整个建筑产业带来深远的影响：

工程造价分析将进入项目群、企业级实时、动态、准确分析时代；

业主、承包商、咨询企业的造价成本管理能力大幅增强，大量节约投资；

整个建筑业的透明度将大幅提高，招标投标和采购腐败将大为减少；

加快建筑产业的转型升级，在这样的体系支撑下，有利于基于“关系”的竞争快速转向基于“能力”的竞争，产业集中度提升加快；

有利于低碳建造，建造过程更加精细。

BIM 的价值、争议与方向

BIM 技术应用的春天已经到来，对于敢于挑战勇于创新的企业将进入一个全新的时代。

BIM 技术经过 10 多年的推进，我们已经感受到 BIM 技术应用的春天已经来到了。早些年我给很多企业高层讲 BIM 技术的时候经常要解释，是 BIM（建筑信息模型）而不是 IBM。现在 BIM 技术的发展已经到了一个怎么去推广应用的新阶段了。

BIM 技术这些年一直是建筑行业内最有争议话题，有非常反对的人，有非常支持，认为是万能的。上海市政府在全国率先发布 BIM 政策文件，基本上可以平息这些争议。那么建筑企业应该怎么样来看待、如何来实施来制定企业的 BIM 技术策略，现把我十多年研究推广实践 BIM 技术的经验分享给大家。

BIM 的价值

BIM 技术在争议中发展多年，但有一个观点行业人士基本取得了共识，那就是：BIM 技术会成为建筑行业发展的趋势。

关于 BIM 是什么，还存在一些争议，各种专家的观点，学院派的、实战派的各有不同。

我的观点是这样的：BIM 模型就是一个工程多维度结构化的数据库。

什么叫多维度结构化？就是很多维度参数确定了以后，所需要的数据都能统计、分析出来，它是关联的。很多专家提到过 BIM 的关联性就是结构化的重要体现。所以有了这样一个数据库，企业计算数据的能力就会大大的提升。

建筑工程是一个古老的行业，搞了几千年，一直是经验主导性的行业。投标的时候要报什么价——拍脑袋；要组织多少生产资料、民工队伍也要凭

经过 10 多年的推进，BIM 技术应用的春天已经到来了。

经验来拍板，这些都会导致行业的浪费、工期的拖延。BIM 技术可以帮我们构建出多维度结构化的工程数据模型，需要什么数据可以马上分析得到，而且数据可以细到构件级，这意味着数据是准确的，可以用于分析成本指挥生产，组织资源计划；还能成为行业的大数据平台。项目设计过程中、生产过程中、施工过程中、甚至运维过程中所有的工程数据和业务数据都可以加载上去，而且具有关联性。找到这个构件、设备，就能找到所有相关的资料，再不用翻箱倒柜地找图纸、说明书等，用了几次甚至找不到了、找到的与实际竣工情况不一致。

我们可以得出一个重要结论：第一点，有了 BIM，我们搞工程的才有了项目管理一直需要的一个最重要的支撑平台。我们工程搞了几千年，修起了长城、运河，现代鲁班盖起了几百米高的上海中心、平安大厦，但一直缺少这样的项目管理支撑平台。这个平台的优势是可以帮助我们随时随地获取准确、及时、完整的工程数据。

第二点是在协同方面。行业有了一个全新的、能力很强的创建数据、管理数据、协同应用的平台。有一个统一的资源服务器，有一个统一的来源，而不是点对点靠纸介质的传送。

第三点是让建筑业和制造业一样，有了一种“样机制造”的能力。制造业一样为了造一个手机、造一台电脑，可以把真实的样机造出来，并且设计数百遍，不断完善。苹果 iPhone 如艺术品般精致，靠的是无数次的样机试制。但这是我们建造工程的所不能承受的。现在有了 BIM，建筑业可以在电脑里把楼建造一遍，甚至很多遍，把所有的问题先分析解决掉，把所有的数据全部精算，用于精确的计划。这大大缩小了建筑业与制造业的差距。所以有的专家讲，BIM 技术帮工程行业解决了一个时空难题，就是在某一个时间点，形象进度应该是什么样子，到某一个时间点所需要的资源，精准的数据是如何的。

观点 PK 之：BIM 的定义

杨宝明说

不论何种软件创建的工程模型，具有多维度（一般应 3D 和以上）结构化数据库的特性，且数据的粒度达到一定的细度（一般应是构件级），这样的工程模型可称为 BIM 模型。这样的工程模型具有较强的计算、分析、共享能力。BIM 是一个信息承载平台，是一个数据仓库。由于 BIM 价值巨大，会改变建造的理念和方法，但又是一种非常具体的技术，小至一种工具软件，大至一个基于 BIM 的企业级大型系统，都看得见摸得着。

古月微博秀

那杨总的观点是 BIM 是数据库，那不就是协同设计吗？

杨宝明说

协同设计只是这种多维度结构化数据库延伸出来的应用而已，当然，还需要加上其他一些技术整合，才能实现。

星星 pei 月亮

BIM 的核心不是信息么？怎么是数据库呢？

杨宝明说

BIM 就是信息，是很不到位的。BIM 核心价值发端于形成了多维度结构化数据库的工程模型，成为一个工程数据（信息）的承载平台，理论上是可以加载各种类型的数据，真正的价值在于对这些数据（信息）进行多维度运算，算工程量、算碰撞，都是一种计算，快速调用资料也是计算。

BIM 俱乐部

数据库的建立过程、方法与数据的利用是核心。

余芳强

O（∩_∩）O 哈哈~…基于 BIM 数据库的建筑全生命期 BIM 创建和应用服务，我的研究课题。

来源：新浪微博

> 如果方案选择正确，越大型复杂的工程，越三边工程，越工期紧、成本压力大的工程越适合用 BIM，价值体现越明显。

BIM 的争议

上海市的政策文件发出来了，但大家心里还有些疙瘩，必须要解决，企业才能放开手去干。

争议一：BIM 技术现在成熟吗？

很多人跟我讲，杨博士 BIM 技术我用过，不好用。技术还不成熟，投入产出低。

我认为，用三句话来总结 BIM 的现状是比较合理的：1）BIM 还处于初级阶段。如果把各种软件厂商的解决方案都用出来，光在施工阶段就有上百项价值很高的应用，但是相对于 BIM 技术发展的潜力、发展空间来讲，还仅仅处于初级阶段；2）BIM 的价值已经非常巨大。把现有的应用好，根据工程特点和实施阶段，选择正确的方案和实施方法，完全可以获得很高的价值回报；3）BIM 技术是建筑业革命性的技术，基础性的技术。这意味着企业把这个技术用好了不代表就能成为行业第一名，但是不用，就会被市场所淘汰。

争议二：三边工程 BIM 技术有用吗？

经常听到老总抱怨，BIM 技术在中国不适用，为什么？中国的工程都比较大，都是三边工程，试点工程上工地的大楼造好了，BIM 小组的电脑里模型还没有建好，效率这么低，有啥用呢？

什么样的工程适合 BIM ？

如果方案选择正确，越大型复杂的工程，越三边工程，越工期紧成本压力大的工程越适合用 BIM，价值体现越明显。我认为在目前的管理水平下，哪怕是一个小门房也应该用 BIM，因为在成本方面，计划管理方面也有大的价值可以发挥

观点PK之：施工企业需要等待BIM技术成熟吗？

杨宝明说

BIM技术发展还处于初级阶段，但已有不少成熟应用，让我们可以获得巨大价值，施工阶段尤其如此。

应宇垦

BIM从实践中来，到实践中去。

不可不沸的鲶鱼

若一定要待到BIM完全准备妥当才应用，那就仿佛是让一个婴儿在娘胎里长到能上幼儿园一样的道理，要么孩子憋死，要么老娘憋死，都不得好果，所以应用当先，只要有突破口就应该边做边试边改，没有冒险何来进步，没有允错的态度何来进步。

杨宝明说

很多施工单位的管理层以为设计阶段的BIM普及好后，施工企业才能搞BIM。这是一个很大的偏见。

何关培

任何东西不用就不会成熟。

KinkaiChang

比较赞同，路是摔着走出来的。

淡墨清沁

无论哪个阶段都可借助BIM来收集、提升信息的价值。

仁涛－释

科技是第一生产力！

来源：新浪微博

出来。关键是BIM技术的建模，模型的调整、运算、协同的应用速度和能力要强，能够适应三边工程。这一点，鲁班软件的BIM建模平台完全可以胜任。

只要有CAD图形就可以马上把一个三维模型快速建立起来，十天十万平方米，如果设计院采用三维设计了，也可以直接导入。这样的速度应付“三边工程”毫无问题，反而是越“三边”，效益是越大越适用。

争议三：数据透明后施工企业的利益怎么办？

2014年上海BIM技术大赛上，几位专家就这个问题展开了争论。BIM技术

> 透明之下施工企业从业主方高估冒算来的一点利益，远不够那么多的分包单位、材料供应商的高估冒算，不透明进来的远远没有漏出去的多。

把工程行业搞透明了，施工企业怎么活？现在利润只有一两个百分点，有时候靠高估冒算或者是二次经营加了两三个百分点，如果把高估冒算这一块拿干净，企业的效益怎么办呢？

我的观点是，BIM 技术对工程行业的所有参与方都会有好处。因为 BIM 技术会引发产业链的重新整合，有的之前不能做的工作现在有能力做了，如果有创新能力也可以利用 BIM 技术开拓更好的业务，获得更多的利益。

现阶段建筑业几乎是最不透明的，但各行业当中建筑行业的利润几乎也是最低的。因此，不透明的建筑业没有给企业带来高利润，结论是非常简单清楚的。真相是，你一个人（项目经理）在前面“搞”业主时，无数的人（众多分包商、供应商、操作层）在你后面“搞”，你一个人“搞”进来的，远没有被“搞”出去的多。不透明之下施工企业从业主方高估冒算来的一点利益，分包单位、材料供应商那么多也在高估冒算，因为不透明进来的远远没有漏出去的多。

各位老总现在最需要考虑的是，业主能搞清楚的时候，我搞不清怎么办？竞争同行能搞清楚的时候，我搞不清怎么办？分包商能搞得很清楚，我搞不清该怎么办？所以，现在施工企业要改变自己经营的理念，要改变鸵鸟思维主动拥抱透明，这也是行业的趋势。在行业透明的情况下，拼成本、拼质量、拼进度，特别是成本方面如何比别人更低，企业才能立于不败之地。

争议四：超级 BIM 软件？超级 BIM 团队？

有没有超级的 BIM 软件？有没有超级的 BIM 团队？

很多企业其实都在做试点，但投入产出回报不甚理想。关键是一些 BIM 软件厂商营销太厉害，希望所有中国的用户都用他的软件从设计到施工到运维一竿子插到底，这个给我们带来一个灾难性的问题。工程实在太复杂了，不光是信息量巨大，工程的技术、成本管理、质量问题、安全问题等，太多太杂，绝对不可能用一个软件通用于设计、施工、运维三大阶段。我们要从这种灾难性的营销中觉悟过来，找到真正实用的 BIM 技术。从现在的 BIM 技术特点来看，一定是要找每一个阶段最专业，最能落地的专业化能力最强的软件平台拿来用，一定可以得到很好的投入回报。但是如果你是拿一个锤子把所有的钉子都要敲到不同的墙上，这个就很难。

争议五：BIM 不安全？

BIM 技术现在已经到了广域网应用的阶段，虽然目前很多软件还只是一个简单的工具级，上升不到管理的层面。这是一个初级阶段，但已经有越来越多的

观点 PK 之：超级 BIM 软件？超级 BIM 团队？

杨宝明说

没有超级 BIM 软件，也没有超级 BIM 团队。

稷下渚

感觉杨博士从鲁班 BIM 的角度思考了，但是 BIM 的专业化分工比起 CAD 来可是小多了。一个平台集成的 BIM 在一定程度，称依靠广泛的软件正在建立起来。

杨宝明说

“BIM 的专业化分工比起 CAD 来可是小多了”，不认可这个说法。专业领域，应该有专业的 BIM 系统。不需要全集成在一起，比较困难。

FM-BIM 顾问陈光

考虑一下管理系统软件：为多用户角色而开发的系统。

杨宝明说

管理系统，不同角色往往有不同的客户端。而不是一个客户端统吃所有角色。

xabrooklyn

杨博士的观点是比较客观的。

第一圈圈

聚焦才高效！

来源：新浪微博

BIM 模型放在国外服务器，涉嫌违法？！

2015 年 6 月 16 日，住房城乡建设部发布了《关于推进建筑信息模型应用的指导意见》；2015 年 7 月 1 日，《国家安全法》出台。其中，《国家安全法》第二十五条规定，国家建设信息网络与信息安全保障体系，……实现网络和信息核心技术、关键基础设施和重要领域信息系统及数据的安全可控。有专家表示，即日起，若将 BIM 模型存放于国外服务器的行为，均可能涉嫌违反《国家安全法》。

同时，《国家安全法》第五十六条规定，国家将建立国家级安全风险评估机制，定期开展各领域国家安全风险调查评估，有关部门应当定期向中央国家安全领导机构提交国家安全风险评估报告。意味着住房城乡建设部未来可能要建立 BIM 国家安全风险评估机制，对 BIM 模型和数据进行有效监控，并定期报备中央国家安全领导机构。

二战电影《桥》里面的主要故事情节就是盟军要对德军发动反扑的时候，需要切断它的后路，把这个桥炸掉，但是这个桥要怎么炸？炸哪里？我们游击队员不知道，只有一个人知道，就是这个桥的设计师、工程师，游击队员花了大量的心血把这个工程师找到，牺牲了很多优秀的战士，最终找到这个爆破点，把这个桥炸掉了。

如果在今天，如果某项重大工程的 BIM 模型被国外的恐怖分子，或其他机构获得，可以直接借助模型找到其中的爆破点，或释放毒气的最佳点，损失或伤亡可能就在一秒间。

中国南斯拉夫大使舘被炸事件，1999 年 5 月 7 日北约的美国 B-2 轰炸机发射使用三枚精确制导炸弹击中了中华人民共和国驻南斯拉夫联盟大使馆，当场炸死三名中国记者邵云环、许杏虎和朱颖，炸伤数十名其他人，造成大使馆建筑的严重损毁，引起国际严重外交事件。当前时代，导弹根据 BIM 数据进行制导，轰炸效果可想而知。

工程设施有很多有关人防、经济安全等战略性重要信息数据，不严格保护数据安全，会造成国家重要安全隐患。

众所皆知，国家已经禁止采购 Win8 系统，央企也禁止再与外资咨询公司合作。从行业角度看，建筑企业需要开始重视 BIM 数据的安全性，再也不能为一个简单的 BIM 应用，就将整个工程 BIM 数据传到国外服务器上。

BIM 模型放到云端，放到服务器上去共享去协同去做各种各样的应用。这安全吗？

有一些企业甚至是大国企、大央企为了做一些简单 BIM 应用，就把 BIM 模型放在国外的公司的服务器上，这个当然是很不妥当的。国家越来越重视信息安全，习主席亲自担任信息安全领导小组的组长。很多关系到国计民生的政府重大工程项目的数据和信息非常重要，放在国外的服务器上是有问题的。我认为任何 BIM 技术厂商都应该能够提供企业级的方案，无论是公有云、还是私有云，企业要把自己的数据保护好。所以上海市的政策文件也很明确，要研发具有自主产权的 BIM 软件和应用技术，保障建筑模型的信息安全。

争议六：BIM 投入谁出钱？

使用新技术不能被政策逼着走，企业如果没有效益，为什么要用，BIM 的投入成本谁来出？

十多年 BIM 技术应用的实践经验，结论已经非常明朗，选择正确的 BIM 技术方案和实施方法，可以实现 10% 以上的进度提升，60% 以上的返工减少。尤其是在大型复杂工程，实现 10 倍以上的投资回报没有问题。对于有些管理基础比较差，浪费漏洞比较多的工程甚至有的利润可以提高 10 个百分点。

BIM 的数据能力可以减少少算、漏算，提高结算收入；可以大幅度提升现场质量、安全的管理能力；提升协同效率。

BIM 与互联网结合，能实现企业级管理的小前端、大后台模式。很多规范、经验的数据库形成一个后台，为前台项目管理人员提供数据支撑、技术支撑。现在工程项目这么多，工程技术人员特别是成熟、老练的老法师很少，利用 BIM 技术降低对现场管理人员的这种经验要求完全可以发挥价值。最后形成的工程竣工模型，可以用到工程的全生命周期，每年都可以用来节省资源。

BIM 技术发展到现在，已经有工具级的、项目级的、企业级的应用甚至要上升到行业级和城市级。这都是今后的发展趋势，在用好工具级的基础上现在已经可以朝着项目级和企业级的层级去努力了。施工阶段梳理下至少在六大应用方面（见“BIM 的数字解读”），是可以发挥作用产生效益的；并且每一个应用点还能延伸很多小的有价值的应用，鲁班软件在建造阶段已经有 106 个应用点。

企业的行动方向

政策已经落地，企业不能再等。高层的战略思维要统一起来，尽快开始项目

BIM 技术的实施需要与管理深度结合，虽然 BIM 可以脱离于流程之外先发挥技术和数据的作用，但要实施落地必须和流程契合起来。

的试点，有了起步才有新的开始。今后政府的工程、大业主的工程都需要强制应用 BIM 技术，在投标当中要加分。企业再不启动，竞争力从何谈起。

企业可以开始建立集团 BIM 中心，进行团队建设，组织落实。先进行试点，通过专业顾问团队的合作把 BIM 的技术、BIM 的实施方法引入进来，成为集团的 BIM 中心掌握的资源、知识体系后，再扩散到更多的项目上去。

BIM 技术的实施需要与管理深度结合，虽然 BIM 可以脱离于流程之外先发挥技术和数据的作用，但要实施落地必须和流程契合起来。把建模的标准、应用的标准、数据的标准、应用的流程梳理好。

最后，架设企业的 BIM 服务器，升级应用扩展到更多的项目，把更多的应用深入下去。提升应用层次不仅仅是工具级，要到项目级，实现项目的协同，最后形成企业的集中的 BIM 数据库。

时不我待！现在 BIM 技术的应用已经到了这样的一个时点，政策倒逼、市场倒逼、竞争倒逼。

当前形势、宏观经济到现在都不太好，项目数量减少，业主的款项更难拿了，企业凭什么比别人活得好？ BIM 技术是一个非常重要的抓手，一个非常重要的出路。上海市政策当中明确提出来 2017 年起，上海市投资额 1 亿元以上的政府公建项目都要强制应用 BIM 技术。留给企业的准备时间并不是太多，所以要马上开始行动了。虽然有人对 BIM 技术带来的行业透明化感到恐惧，但对敢于挑战勇于创新的企业家来讲，这是一个全新的时代，这是一个朝阳的时代。

——本文节选自 2014 年 12 月 4 日上海市 BIM 政策宣贯会杨宝明博士的发言

BIM 与集采电商平台的思考

BIM 与建材集采平台的融合将助建筑企业集中采购更上一层楼!

我国建筑业有一个奇怪的现象：大企业成本比小企业成本高，小企业成本比承包项目经理高，项目被有资质、有能力承包的大企业中标之后，常常会出现层层转包的现象，加大项目的管理难度，放大项目的施工质量风险，通常的后果是工程进度慢、质量不高，严重影响建筑行业的健康发展。

很重要的原因是，大企业没有能力发挥规模经济的优势，包括采购的规模经济优势。大企业不能发挥采购规模经济优势的原因又在于，企业没有能力实施集中采购。不能集中采购的原因又在于总部无法准确掌握项目资源计划和复杂的采购条件。

另外，项目部无精确资源计划→总部无法获取各项目资源计划→总部无法实现集中采购→采购规模经济优势难以发挥→大企业利润率比小企业低。建企总部至今没有项目基础数据的支撑和管控大后台，缺乏对项目数据的掌控能力，总部集中采购就较难以实现，权力只能下放给项目部（图 2-12）。

集中采购大势所趋

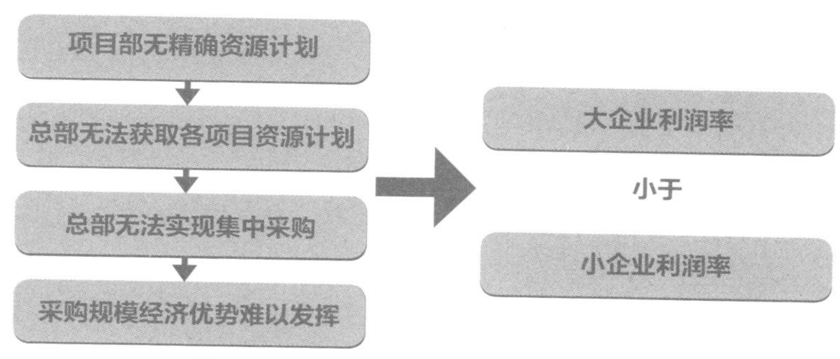

图 2-12　采购规模经济优势无法发挥

控制成本的压力要求集中采购。建筑业在长期年 20% 增长的支撑下，一直毛利较高，控制成本压力不大。当前建筑业产值增长降至 2% ~ 3%，行业步入微利时代，各建企在盈亏平衡点挣扎，成为建筑企业必须要落实的工作。因此，要通过集中采购的方式发展采购规模经济，利用竞价优势，降低材料和物资成本。

营改增倒逼中国建企实现集中采购。“营改增”时代需要企业对供应商、项目部有完全的信任与掌控能力，集中采购有利集中管控合格供应商，有利于让采购过程透明，便于管控监督四流（合同、物流、发票流、资金流）合一。“营改增”四流合一的控制，非常重要的一个方面预算量与实际消耗量的控制，防止项目经理虚开发票套取现金，减少总部的虚开发票的税务风险。

建企集中采购的挑战

施工企业实施电商集中采购和第三方电商平台都还一直存在诸多挑战，至今并没有很好的得到解决：

一是总部、项目部和操作部门的利益博弈。物资采购权是项目各相关方重大利益所在，项目部和总部一直存在博弈，若建企总部实施集中采购，项目部会选择使用资金支付、工期延误责任的转移杀手锏，严重影响建企的经济效益。目前为止，大部分大型建企上线的集采平台还处于试探性阶段，集团一般还不敢强行全面推广。大部分企业处于引导自愿上平台集采，也有的大央企已开始强制上平台集采。

二是平台商业模式（赢利模式）的探索。B2B 简单的商城模式显然难以适应工程项目采购的实际情况。在整个交易链条在哪些环节创造客户价值，如何实现平台价值，还有太多的问题的需要探索解决。综观当前各家集采平台和第三方电商平台，因建筑采购交易的复杂度导致，平台能介入交易的环节节点数还相当少，大量交易工作需线下完成。全过程全线上，还是较远的梦想，需要大量的创新和探索。

赢利模式如何建立，是平台最终发展绕不开的坎。电商平台的可持续发展最终还要依赖于快速增长的营收，目前各类平台均无亮丽的财务表现。收入模式和赢利点的实现还不够明确，初算下来，赢利点较多，从信息服务、会员费、交易提成、物流、支付和融资服务等，但每个赢利点的规模化实现都还难度较大。最主要的瓶颈在于电商平台在各赢利点的价值创造能力还没有太大的说服力。

建筑行业的采购交易中的投标、报价、商务沟通谈判、计划执行、物流、付款方案、售后服务，每一项都需要专业、专职人员，而且账期过长，资金压力大，每一项的投入都是平台不能承受之痛。所以，他们只能在市场中充当某个别环节的信息交互平台，或成为三道手或四道手贩子，这种情况下，电商平台是增加还是减少交易中的链条？现在一些平台，通过买单虚增交易量，是不是徒增市场的摩擦成本。

三是施工企业集采的项目采购需求数据整合能力。工程项目采购全过程十分复杂，建企实施集中采购的前提是建企必须具备相匹配的数据能力。首先，建企总部需要实时动态掌控项目资源计划和变更情况；其次，建企总部需要有技术能力掌握处理采购技术条件。但是目前的建企总部能力严重不足，很多工作无法落实，只能放权到项目部。

此外，国内工程相当多的三边工程对集团级的采购数据整合造成更大的难题。

实现多项目甚至全集团所有项目集采是最终目标，通过集采降低采购成本是企业终极利益所在，通过BIM技术在项目级、企业级应用，将有助于我们解决这个难题。

四是复杂的业务流程如何实现线上操作。各企业集采的流程、标准、法律文件条款、物流都不一样，标准化严重制约了行业的信息化发展和电商发展。经过不断的多方博弈和强大的网络效应，假以时日，应该能实现行业的全面电商化，但显然还会有较长的时期。

五是线上支付尚无完善解决方案。建筑业采购的支付结算相当复杂，支付方案、支付条件、支付手段（现金、支票、承兑汇票）都是五花八门，电商平台加以适应还需相当的工作。

虽然各方面还困难重重，各类平台还在烧钱之中，路一定在前头，通过创新，整合现有技术和创新应该可以找到出路。下面是一些非常重要的建议。

BIM 助建筑企业实现集中采购，实现柔性供应能力

大后台、小前端，是建筑企业将来更有竞争力的企业模式。目前建筑企业项目部“太重”，资源利用效率不高，项目部水平不能体现企业水平。BIM 将是建企大后台建设重要技术支撑，助力建企总部突破集中采购能力不足的瓶颈。

BIM 能快速准确制定项目资源计划。制定出准确的用料计划，企业级的 BIM 工程数据系统，则能实现全企业资源计划分析，可以按时间、按材料、按项目快速分析全企业供应数据，也可以快速应对项目资源计划变更，保证项目部的用料计划。项目进展情况变化比较频繁，企业要实现集中采购，需要强大的响应能力。计划数据和采购平台要尽可能的实现联动，形成一个柔性供应系统。

BIM 帮助企业在总部完成大量项目技术工作。总部将有能力实现集中采购的技术条件，更多复杂的采购能够集中实现。

BIM 助企业实现四流合一的管控。建筑企业涉税信息量数据大，四流合一的数据关联性强，BIM 可以提供四流的基础数据，实现预算量、实际消耗量的核算对比，为四流合一管控提供数据支撑。

利用 BIM 提升企业对项目采购数据的支持能力和管控能力：利用 BIM 技术对预算量与实际量进行对比分析，可针对性地制定项目材料采购计划，有效提高项目采购计划的准确性，从而避免物资材料浪费，节约企业成本。

利用 BIM 提升集中采购广度：让越来越多的材料种类实现集约化采购，有助于降低采购成本，提升质量，和制定更优的资金支付规划。利用企业级 BIM 系统的强大数据分析能力，可以更好地进行集约统筹。

利用 BIM 强化营改增四流合一落地：采购量与预算量对比分析为建企控制营改增法律风险提供了强有力的手段。集采平台和企业 ERP 控制了四流中发票、资金和合同流，BIM 可以助企业实现真实交易的进一步复核。此外，BIM 技术还可为多部门提供四流的基础数据，为多部门四流合一管控提供协同支撑。

结合 BIM 进行构件库的建设：结合 BIM 技术，构建种类丰富、参数齐全的构件库。该构建库可实现三维在线预览，在线查看构件相应参数的功能。企业可直接采购标准化的部品、PC 构件、机电设备等物资，提高采购效率。

BIM 与集采电商平台的融合

随着互联网 + 的兴起，出现大量的建材电商平台（表 2-3），这些平台多以客户需求为导向，提供 360° 的建材招标投标服务，旨在精简物资采购流程，规范采供管理体系，提升建材采供效率，令建材采供全程透明、高效、公正、专业。为提升施工企业集中采购能力和加快对集采平台的利用，施工企业对 BIM 技术的利用十分重要。

建材电商平台　　表 2-3

序号	电商平台名称	上线时间	平台创立企业
1	云筑电商平台	2015 年 12 月 15 日	中国建筑总公司
2	筑采集建材招投标平台	2015 年 3 月 31 日	南通三建有限公司
3	营造商——上海建工电子商务平台	2016 年 1 月 11 日	上海建工集团有限公司
4	绿智汇——绿色建材供应链服务平台	2015 年 5 月 7 日	上海城建物资有限公司
5	安装通——中国智慧安装采供服务平台	2015 年 7 月 26 日	上海筑网信息科技有限公司
6	搜才网	2006 年 10 月 1 日	成都大匠通科技股份有限公司
……	……	……	……

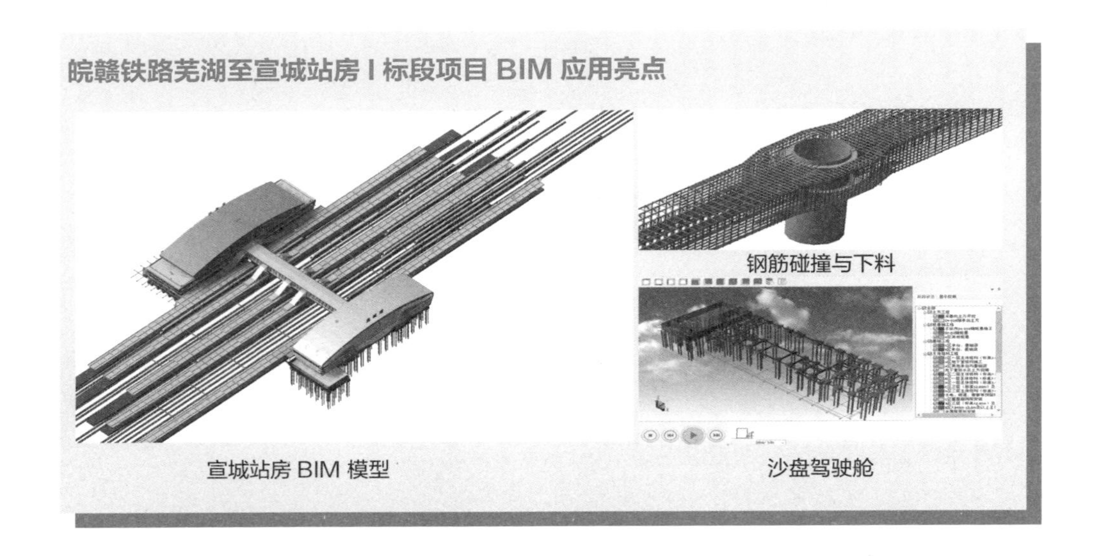

利用 BIM 提升企业对项目采购数据的支持能力和管控能力。利用 BIM 提升项目采购计划性、计划准确性。

利用 BIM 提升集中采购广度：让越来越多的材料种类实现集约化采购，非常有助于降低采购成本，提升质量和更好的资金支付规划。利用企业级 BIM 系统的强大数据分析能力，可以更好地进行集约统筹。

利用 BIM 强化营改增四流合一落地：采购量与预算量对比分析为建企控制营改增法律风险提供了强有力的手段。筑集采平台和企业 ERP 控制了四流中发票、资金和合同流，BIM 可以助企业实现真实交易的进一步复核。

结合 BIM 进行构件库的建设：部品、PC 构件、机电设备的采购结合了 BIM 模型库，提升采购标准化、信息化程度。

BIM 与建材集采平台的融合将助建筑企业集中采购更上一层楼。

如何用 BIM

业主篇

- 业主方 BIM 应用主要价值、误区与成功路径
- BIM 对追赶项目进度的作用

施工企业篇

- BIM 用晚了，你会错过什么
- BIM 在建造阶段的全过程应用
- 小前端 · 大后台
- 双剑合璧：BIM 与 ERP 的对接
- BIM 成功应用路线图
- 施工企业 BIM 应用怎样才算达到高水平

造价咨询企业篇

- 基于 BIM 的造价全过程管理解决方案

业主篇

业主方 BIM 应用主要价值、误区与成功路径

业主方才是建设项目 BIM 应用的最大受益方，业主方最应该积极应用 BIM。 其实 BIM 技术应用对降低业主方的项目总成本的作用影响巨大。发挥 BIM 的最大作用，技术选型和实施方法论就至关重要！

BIM 对业主方的价值

业主方才是建设项目 BIM 应用的最大受益方，业主方最应该积极应用 BIM。

目前很多业主方认为 BIM 技术对项目成本的影响仅仅停留在降低建安成本上，而一二线城市工程项目建安成本在项目总成本中占比不到 20%，对项目总成本影响不大，让设计、施工方应用 BIM 即可，自己最关注的还是土地和财务融资成本，这是由于对 BIM 技术不够了解所致。业主方应用 BIM，通过工期影响的是整个项目的总投资，有效地减少财务成本，提前竣工进入回报期。事实上业主方从 BIM 技术获益是施工获益的 10 倍以上。

BIM 对业主方项目总成本从以下几个方面产生巨大影响（图 3-1）。

（1）缩短工期，大幅降低融资财务成本

业主方都非常重视项目开发周转速度，是项目成败和效益好坏的关键，BIM 技术在缩短建设工期方面可以发挥很大作用。

通过减少施工前的各专业冲突，令设计方案错误更少、更优化，减少大量的工期损失；通过设计阶段更高效方案选择和方案优化，减少方案变更，缩短工期；通过提升建设过程中协同效率来节约工期；通过 BIM 强大的数据能力、技术能力和协同能力，在资源计划、技术工作和协同管理等方面节约较多工期等。

仅此一项，BIM 技术应用的投资回报率就非常高。例如，一个建筑面积为 60 万平方米的超高层商业综合体项目，投资超 100 亿元，按 1% 的贷款月息计算，延迟一天工期仅财务成本就达 300 万元左右，BIM 技术的应用投入以 1800 万元计,仅需要节约 6 天的工期损失就能成功收回 BIM 投入。而这样的大型工程，通过实施 BIM 技术，施工前减少技术问题和提升项目协同效率，减少的工期损失可能远不止几个 6 天，甚至可以达到几个 60 天，这还未考虑竣工后的效益。

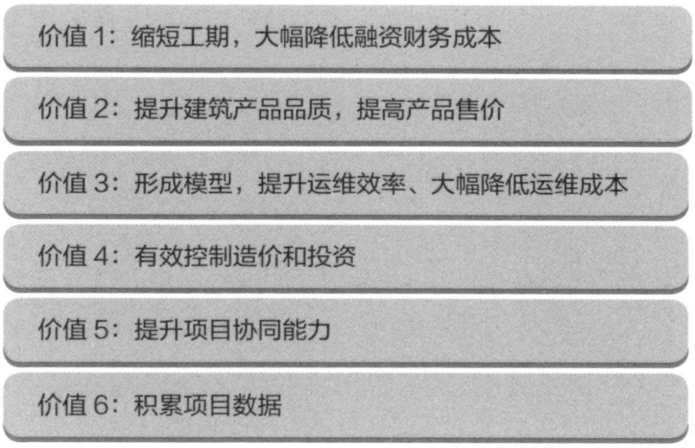

价值 1：缩短工期，大幅降低融资财务成本

价值 2：提升建筑产品品质，提高产品售价

价值 3：形成模型，提升运维效率、大幅降低运维成本

价值 4：有效控制造价和投资

价值 5：提升项目协同能力

价值 6：积累项目数据

图 3-1　业主方的 BIM 价值

（2）提升建筑产品品质，提高产品售价

提升建筑产品品质可以提高产品售价，BIM 技术的应用在提升产品质量方面作用明显。

优化设计方案，提升整体项目质量；减少返工开洞等，提升工程质量；通过机电排布方案优化提升层高净高，大幅提升产品质量；通过高质量的施工前技术方案模拟，完善施工图，可视化交底，方案预演，可以大幅提升质量。

（3）形成模型，提升运维效率、大幅降低运维成本

建筑生命周期可达百年，运维总成本十分高昂，有说法是建造成本的 10 倍。仅利用好竣工 BIM 模型的数据库，就可大幅提升运维效率，降低物业运维成本。

现在对万科来言，最重要的是数据。在住宅产业化完成后，万科正在推进 BIM 从设计、采购、工程管理、结算等都用到 BIM，这也走在了行业前端。
——王石 万科董事局主席（2015 年 3 月 19 日）

随着基于 BIM 的运维平台和应用的成熟，这方面的价值潜力更是巨大。

（4）有效控制造价和投资

基于 BIM 的造价管理，可精确计算工程量，快速准确提供投资数据，减少造价管理方面的漏洞。

通过 BIM 技术支撑（如深化设计、碰撞检查、施工方案模拟等），减少返工和废弃工程，减少变更和签证，可减少更多的成本。这几个方面都将大幅提升业主方的预算控制能力，很多项目节约造价 5% 以上并不难。

（5）提升项目协同能力

当前开发商项目管理难度越来越大，为确保项目管理不失控，协同能力的提升非常重要。由于 BIM 提供了最新、最准确、最完整的工程数据库，所以众多的协作单位，可基于统一的 BIM 平台进行协同工作，将大大减少协同问题，提升协同效率，降低协同错误率。尤其是基于互联网的 BIM 平台更将 BIM 的协同价值提升了一个层级。

（6）积累项目数据

当前业主方项目数据积累还很少，更非基于 BIM，结构化、数据粒度方面都存在问题，很难实现数据的再利用。一个项目完工后，数据较难为后续的项目提供价值。

基于 BIM 的业主方项目管理，可积累起企业级的项目数据库，为后续开发项目提供大量高价值数据，以加快成本预测、方案比选等新项目决策的效率。建立基于 BIM 的工程项目数字化档案馆，减少图纸数量，降低项目数据管理成本。

正因如此，很多业主对 BIM 技术的应用已很重视，将应用 BIM 技术列入了项目设计和施工招标的必要条款。但是当前依然有很多业主对 BIM 技术存在不同看法，推进 BIM 技术应用仍然迟缓。

一是一些业主不重视利用新技术提升管理水平，工作重心还在于拿地、融资，延续粗放式的传统发展模式。

二是因为尝试了一些项目的 BIM 应用，但是因为选型不合理，实施方法不对路，导致效果不好，ROI（投资回报率）不高，失去了应用 BIM 的热情，这是非常可惜的。

业主方的 BIM 应用误区

为什么投资回报率不高，大量项目实践表明，主要原因在于 BIM 实施策略不当（图 3-2）：

（1）选用 BIM 解决方案不当

特别是针对设计阶段和施工阶段的 BIM 应用，没有选用各自专业的解决方案。在建造阶段，用只能在设计阶段发挥作用的 BIM 软件建了模，做点设计阶段的碰撞检查，就无法再干别的事。到了招标阶段费了很大劲建好的模型，连工程量都出不来，结构工程最重要的钢筋模型建不起来，无法支持招标投标的工作，后续建造阶段的应用更无从谈起，业主一般都不满意。

（2）实施策略不当，导致成效有限

有的业主已经聘请了 BIM 顾问，可谓相当重视，但应用效果与前述并无多大差别，ROI（投资回报率）低，BIM 能实现的只是建个模型秀秀和检查碰撞了事。这个问题在于业主方偏向于设计 BIM 团队合作，聘请的 BIM 顾问一般只擅长于设计阶段的 BIM 应用，对建造阶段的 BIM 应用不了解，无法为业主提供有价值

误区 1：选用 BIM 解决方案不当

误区 2：实施策略不当，导致成效有限

图 3-2　业主方的 BIM 应用误区

的全过程 BIM 咨询服务。

BIM 技术应用分三大阶段：设计、建造、运维。没有一个 BIM 顾问是三个阶段全精通的，一般只能精通一个阶段。同时，相较于设计阶段，建造阶段具有最复杂、最多的 BIM 应用，也是参建单位最多的阶段，协同管理难度较大。业主应聘请一个擅长建造阶段，熟悉设计阶段、运维阶段的业主方 BIM 总顾问，负责制定各参建方 BIM 应用的标准与要求，过程中审核各参建方 BIM 模型数据的准确性、及时性，BIM 总顾问整合各方模型形成最终的 BIM 应用成果。

有的业主更是没有聘请专业的 BIM 顾问，只在招标合同中放进去专门的要求，这种实施方法效果也不可能好。

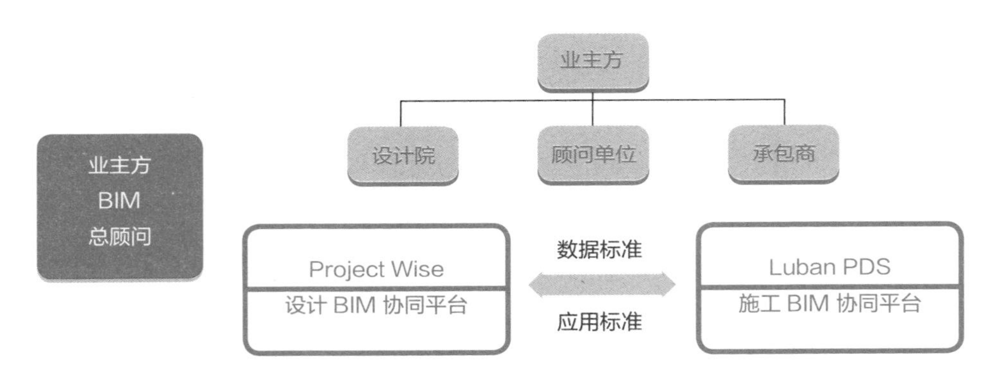

图 3-3　业主方 BIM 系统架构体系

当前施工单位 BIM 基础都还不强，没有建造阶段的 BIM 总顾问，就无法统一协调、建立统一的数据标准，建模标准和应用标准难以实现真正的专业整合应用。

此外，施工分包与总包、总包与业主还存在利益不一致的情况，所以让施工承包单位主动实施 BIM 技术，并提交质量较高的 BIM 成果，是件勉为其难的事情。

业主方 BIM 应用成功路径

业主主导、业主方 BIM 总顾问统筹的实施方法论，选择合适的 BIM 技术方案，聘请合适的 BIM 顾问，是业主方 BIM 成功应用的三大条件。

（1）业主作为整个项目 BIM 应用的牵头人，聘请第三方专业的 BIM 总顾问来协调管控各参建方的 BIM 协同应用，建立统一的建模标准、数据标准、应用标准，确保关键应用的成功实施，获得合格的竣工模型，BIM 总顾问对最终成果负责。

（2）相较于设计阶段，建造阶段 BIM 应用，复杂度高、应用点多、参与方多协调难度大，应聘请一个擅长于建造阶段、熟悉其他阶段 BIM 应用的 BIM 咨询单位来担任 BIM 总顾问。

（3）明确 BIM 技术应用的目标，根据要达到的应用目标，合理规划 BIM 实施的整体方案。

（4）全过程应用 BIM 技术，从设计—施工—运维各个阶段皆可获得非常好的价值。

（5）通过基于互联网的 BIM 协同平台，把项目各个参建方纳入到统一的协调管理体系，大幅提升业主的协同管理效率。

（6）从项目级（试点项目）到企业级，由点及面推广 BIM 技术应用。提升各参建单位的生产力水平和产品质量。

设计背景的 BIM 顾问，对施工阶段的业务不熟悉，对施工技术也不熟悉，就无法发挥 BIM 的价值，特别是从很多以设计 BIM 为主的项目发现，没有能力搞出一套能指挥生产的 BIM 数据，价值很有限。另外，要协调众多的参建单位，对施工业务熟悉是相当重要的，要能预见到施工到什么阶段能用 BIM 解决什么问题。

总之，业主方现阶段应用 BIM 获得巨大的收益已不难，重要的是选择合适的解决方案和实施方法。相信国内业主方将会在不远将来总结出一套成功实用的 BIM 实施方法论。

业主篇

BIM 对追赶项目进度的作用

BIM 技术在提升项目进度方面有非常出色的作用，只是还没有被开发商重视起来。

几乎是所有业主方都非常重视项目进度，除非是销售不畅，被迫减慢施工速度的项目。进度对于业主方的价值不言而喻，主要体现在如下几个方面（图 3-4）：

（1）进度决定着总财务成本

什么时间可以销售，多长时间可以开盘销售，对整个项目的财务总成本影响最大。如一个投资 100 亿元的项目，一天的财务成本大约是 200 ~ 300 万元，相当于一天一辆奔驰车。延迟一天交付、延迟一天销售，开发商即将一辆奔驰送进银行。更快的资金周转和资金效率是当前各地产公司最大追求。

（2）交付合同约束

交房协议有交付日期，不交付将影响信誉和交付延迟罚款。

（3）运营效率与竞争力问题

多少人管理运营一个项目，多长时间完成一个项目，资金周转速度，是开发商的重要竞争力，也是承包商的关键竞争力。提升项目管理效率不仅是降低成本的问题，更是企业重要的竞争力之一。碧桂园最大的一个核心竞争力是周转快，开盘时间平均 4.3 个月，现金流周转是 8.2 个月。

BIM 技术在提升项目进度方面有非常出色的作用，只是没有被开发商高度重视，在实践中还没有被充分利用，业主方只重视土地成本、资金成本是过于落后的。只把 BIM 技术当作施工建造技术，设计院、施工单位用起来就可以了，是对 BIM 的认知还严重不足，忽视了一个非常重要的竞争手段。

具体讲，BIM 技术可在以下几个方面对加快工程进度起到非常关键的作用（图 3-4）。

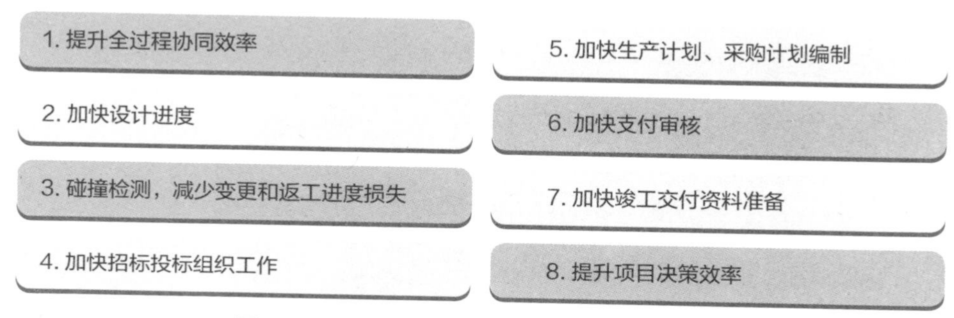

图 3-4 BIM 技术在加快工程进度方面的作用

（1）提升全过程协同效率

大量的调查和研究表明，超过 20% 的工程项目进度在协同当中损失。

协同效率低下一直是工程项目管理效率提升的最大难题之一，原因有以下几个方面：

一是工程项目与制造业有很大不同，项目部队伍是临时组织的。围绕项目的各参建单位都是以项目为载体新组织的合作单位，从建立沟通的共同语言到提升沟通效率都非常困难和缓慢；

二是工程图纸是二维的，可视化程度低，可理解性差，大大影响了沟通效率。要靠人脑计算分析三维空间关系，计算各专业冲突情况，是一件十分困难、效率低下的事情，会发生大量各方理解不一致的情况；

三是传统点对点的协同方式效率低。基于传统 2D 图纸的协同方式是一种点对点的协调方式，周转流程繁琐、耗时巨大；而不是一个数据中心，大家能实时获得最新、最准确、最完整的数据。

BIM 技术可以完全改变这一切——

基于 3D、4D 的 BIM 沟通语言，简单易懂、可视化好、理解一致，大大加

万达的 BIM 践行之路

万达作为全国最大的商业地产商，对公司 BIM 策略不单关注于项目级层面，更多是放眼企业级战略。要将万达 BIM 打造成适用于全集团工程项目的模板式 BIM 体系，更是将 BIM 技术列为推进公司管理持续进步的头条（图 3-5）。

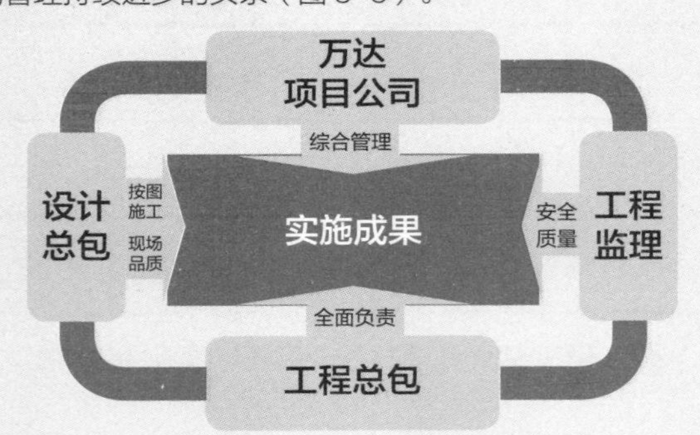

图 3-5　万达 BIM 总发包管理模式

2012 年开始，万达将 BIM 技术应用于万达广场的开发建设中，先后研发出慧云智能化管理系统、文旅项目 BIM 协同平台；与中建总公司签订 BIM 研发应用战略合作协议；在集团中培训 BIM 总发包管理模式、标准版实验模型、发包管理及信息化集成管理平台，可见万达在集团项目中推广 BIM 力度之强劲。

2014 年，万达董事长王健林在总结报告中指出，管理费用偏高是万达存在的问题之一。之后集团丁本锡总裁将 BIM 作为解决方案开始尝试使用。

2015 年尝试后，*万达商业管理人员减少了 10%，节省开支 10 多亿元，更重要是堵住管理漏洞。王健林在同年工作业绩总结中提到：BIM 是工业领域的专有技术，万达在全球首个将工业 BIM 技术移植到工程管理项目，实现工程项目全周期的智能化管理，这是对全球不动产行业的一次管理革命！*

快了沟通效率，减少理解不一致的情况。

基于互联网的 BIM 技术可以建立起强大高效的协同平台：所有参建单位在授权的情况下，可随时、随地获得项目最新、最准确、最完整的工程数据，改变过去点对点传递信息的情况，而是一对多，效率提升，图纸信息版本完全一致，从而减少传递时间的损失和版本不一致导致的施工失误。

在房地产行业下行，房企的精细化管理、成本压力大，净利润、控制成本成为管理的核心。BIM 则是提升管理的利器（图 3-6）。BIM 的价值已让万达尝到甜头，仅 1 年时间节省开支已达到 10 亿元级别。

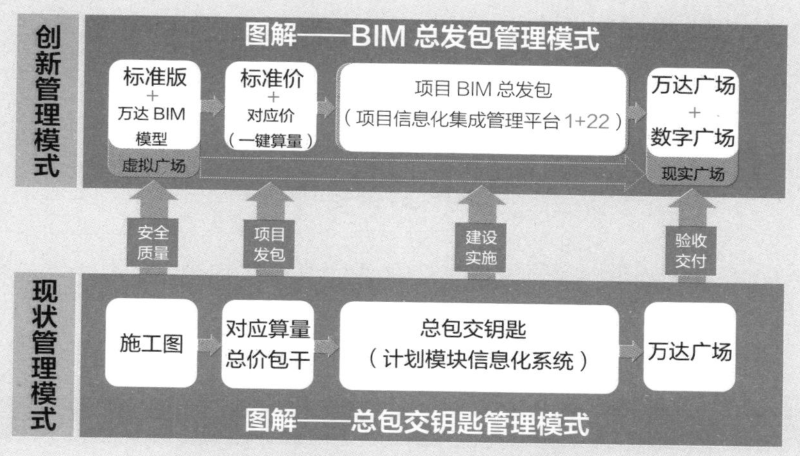

图 3-6 万达 BIM 总发包管理模式图解

2016 年万达年度规划报告中，王健林对如何提升企业管理问题上再次强调推行 BIM：*2016 年 1 月试点，2016 年四季度完善所有细则，2017 年 1 月起正式施行。实行 BIM 以后万达基本没有招标投标，项目根据所在地区和产品等级，成本按照样板计算，管理更加准确。BIM 工程除了减员增效、管理便捷外，还能减少腐败机会。*

2015 年，王健林曾放言 10 年后在 2025 年要开业 1000 个万达广场，同年底，万达只有 130 多个万达广场。要支持这样的建设速度，一套标准化的设计施工流程必不可少。而 BIM，作为贯穿全生命周期的建筑业革命性技术，通过标准实现信息的流转传承，通过互联网实现所有参与方的协同，必然成为万达实现这一目标的重要抓手。

资料来源：万达 BIM 官微

通过 BIM 软件系统的计算，减少了沟通协调的问题。传统靠人脑计算 3D 关系的工程问题探讨，易产生人为的错误。BIM 技术可减少大量问题，减少协同的时间投入。

还有现场将 BIM 和移动智能终端拍照应用相结合，也大大提升了现场问题的反馈沟通效率。

（2）加快设计进度

很多项目边设计边修改，因为设计严重影响整个施工的进度。如 BIM 技术能加快设计进度将是非常好的，事实确实如此。只是现在大家的认知是 BIM 减缓了设计进度。得出这样的结论在于，一是现阶段设计用的 BIM 软件确实生产率不够高；二是当前设计院交付质量较低；三是设计方应用 BIM 软件水平较低，不能直接进行 BIM 设计，只停留在翻模应用阶段，减弱实际效率。

事实情况是当前用 BIM 设计可以加快设计进度，只不过是时间虽然有少量增加，但交付成果质量大大提升了，事实上是提升了设计进度，在施工以前解决了更多问题，减少传统方式下大量推送给施工阶段的问题，这对进度是很有利的。

观点 PK 之：BIM 对业主的价值

杨宝明说

业主方是 BIM 的最大受益者，施工企业是第二大的！

BIM-鹏宇成

业主：一定要省钱！！！

传说中的595

晕，有几个大业主关心施工该用什么技术的。这些年来房地产尝鲜的土豪那么多，有几个是建筑专业出身？与其怪罪大业主不关心 BIM 技术，倒不如检讨 BIM 技术是否完善，能吸引大业主的部分究竟在哪里？

FM 顾问陈光

银河 SOHO 造价从 1 万元降到 6000 多。

张小年先生

打孔队遍地都是。

桃花源纪

支持，盼望推广！

ImFJL

西方人普遍认可的合约精神，在具有特色的国家行不通，项目进度控制比较难实现。

来源：新浪微博

王健林：实行 BIM 以后万达基本就没有招标投标了。
——万达集团 2015 年工作报告（2016 年 1 月 16 日）

（3）碰撞检测，减少变更和返工进度损失

BIM 技术强大的碰撞检查功能，十分有利于减少进度延误。大量的专业冲突延误了大量进度进程，大量的废弃工程、返工，也造成了巨大的材料、人工浪费。

当前的产业机制造成设计和施工的分家，设计院为了效益，尽量降低设计工作的深度，交付成果很多是方案阶段成果，而不是最终的施工图，里面充满了很多深入下去才能发现的问题，需要施工单位的深化设计。由于施工单位技术水平有限和理解偏差，特别是当前三边工程较多的情况下，专业冲突、返工现象十分常见。利用 BIM 系统实时跟进设计，第一时间反映出问题，第一时间解决问题，带来的进度效益和其他效益都是十分惊人的，特别是我国当前的产业机制下，如预留洞图精准定位，避免大量结构打洞，定能带来进度和质量提升。

（4）加快招标投标组织工作

设计基本完成，要组织一次高质量的招标投标工作，光编制高质量的工程量清单就要耗时数月。一个质量低下的工程量清单将导致业主方巨额的损失，利用不平衡报价很容易获得更高的结算价。

利用基于 BIM 技术的算量软件系统，大大加快计算速度和计算准确性，加快招标阶段的准备工作，同时提升招标工程量清单的质量。

（5）加快支付审核

工程中经常因生产计划、采购计划编制缓慢损失了进度。急需的材料、设备不能按时进场，影响了工期，造成窝工损失很常见。

BIM 将改变这一切。BIM 技术使得随时随地获取准确数据变得非常容易，生产计划、采购计划大大缩小了用时，加快了进度，同时提高了计划的准确性。

（6）加快生产计划、采购计划编制

当前很多工程中，由于过程付款争议挫伤承包商积极性，影响到工程进度的现象，并非少见。

业主方缓慢的支付审核往往引起承包商合作关系的恶化，甚至影响到承包商的积极性。业主方利用 BIM 技术的数据能力，快速校核反馈承包商的付款申请单，可以大大加快期中付款反馈机制，提升双方战略合作成果。

（7）加快竣工交付资料准备

基于 BIM 的工程实施方法，过程中所有工程资料可方便地随时挂接到工程 BIM 数字模型中，竣工资料在竣工时即已自动形成。竣工 BIM 模型在运维阶段还将在业主方发挥巨大的作用。

观点 PK 之：用设计 BIM 做施工

Kinkai Chang

这种误导是要批判一下。很多不了解施工软件的拿着 A 系软件去搞定施工业务基本就是瞎。中国本地的施工软件多姿多彩，各有千秋也得十几年了。

杨宝明说

让设计 BIM 做施工，是业主应用 BIM 的常见误区之一！

碧野牛得草

施工 BIM 模型与设计 BIM 模型有很大的不同，应用工具也截然不同，收集整理的数据也不同。BIM 应用点在设计、施工、运维三大阶段各自都非常多，一款软件做好这么多阶段的这么多应用，理论和实证都是不可能的。

天行健 njp

那么对于施工阶段的 bim 该如何应用呢！

联盟发烧友

从当前的面对面转换到数据共享等层面上。但是 我个人认为，设计施工需要一体化。而且需要用 BIM 来将设计者和施工者进行个人专业素养上的知识上的整合，打造复合型 BIM 应用人才。这样会本质上将建筑设计和施工进行有机的对接，BIM 就是载体和渠道。关键在于人。

竹百叶

BIM 技术，这是要断多少人财路啊！

来源：新浪微博

（8）提升项目决策效率

当前工程实施中，由于大量决策依据、数据不能及时完整的提交出来，决策被迫延迟，或决策失误造成工期损失非常多见。实际情况中，只要工程信息数据充分，决策并不困难，难的往往是决策依据不足、数据不充分，有时导致领导难以决策，导致多方谈判长时间僵持，延误工程进展。

BIM 形成工程项目的多维度结构化数据库，整理分析数据几乎可以实时实现，完全没有了这方面的难题。

事实上，随着 BIM 技术不断成熟，更多技术、质量、安全和施工管理方面的 BIM 应用会被研发出来，BIM 技术将会从更多方面帮助项目各方提升项目进度。

施工企业篇

BIM 用晚了，你会错过什么？

BIM 技术满天飞，施工单位也在跃跃欲试，企业该什么时候引用 BIM 呢？确定试点 BIM 的项目即将开工，BIM 什么时点介入较好呢？

企业应用 BIM 越早，越早建立竞争优势

不少地方政府主管部门出台了一系列 BIM 政策，推动 BIM 实施，如 2017 年 1 月 1 日起，上海公建项目将强制应用。很多业主方也将 BIM 技术使用写入招标要求，即使没有要求，在技术标中体现了 BIM 技术，都可以加分。因此，对于施工企业而言，BIM 技术迟早都要用，使用越晚，在市场上的竞争优势就越不明显了。

现在业主对 BIM 很关注，学习的积极性比施工单位还高，一旦业主掌握了 BIM 技术，跑冒滴漏、签证变更的方式都不能用的时候，施工企业就更被动了。

从试点 BIM 项目到企业拥有成熟的 BIM，实施能力需要较长的学习周期。企业要想形成自己的 BIM 核心竞争力，就需要尽早组建自己的 BIM 团队，团队的培训、BIM 实施流程的梳理需要较长的周期。无论如何，应用 BIM 的这个学习周期都是存在的。用得晚了，就落在别人后面了。

BIM 介入项目越早，价值发挥更明显

BIM 技术的一大优势就是在施工前将建筑在电脑里模拟建造一遍，在施工

一旦业主掌握了 BIM 技术，跑冒滴漏、签证变更的方式都不能用的时候，施工企业就更被动了。

前发现问题解决问题。所以，BIM 技术应用越早，价值越高。如果项目已经施工了，很多 BIM 应用将错过最佳时机（图 3-7）。

（1）**投标方案：**在投标阶段，BIM 无疑是亮点之一。在商务标方面，利用 BIM 技术可以快速准确算量，一方面方便对外不平衡报价，“预留”利润；另一方面对内进行成本测算，提前了解利润空间，便于决策。在技术标方面，可以提前展示 BIM 在施工阶段的价值，碰撞检查、虚拟施工、进度管理、材料管理、运维管理等，提高技术标分数，从而提升项目中标概率。

（2）**前期场地布置：**在施工单位进场前模拟好现场的场地布置模型，如，办公场地，材料堆放场地，加工场地，临时用水用电，设备堆放场地，宿舍，食堂，厕所，警卫室，入场道路，垂直运输设备位置等，如果前期模拟好场地布置可以最大限度地节约施工用地，减少临时设施的投入，从而降低成本。同时，通过对材料运输路线的方案模拟最大限度地减少场内的运输，减少材料的二次搬运。

（3）**施工专项方案模拟：**在施工前通过 BIM 技术模拟施工专项方案，利用 BIM 的可视化，帮助施工人员判断方案的合理性，或者通过模拟多项方案，帮助制定最佳方案。施工专项的方案模拟还可以帮助现场施工人员更好地理解施工方案，提升施工水平与效率。

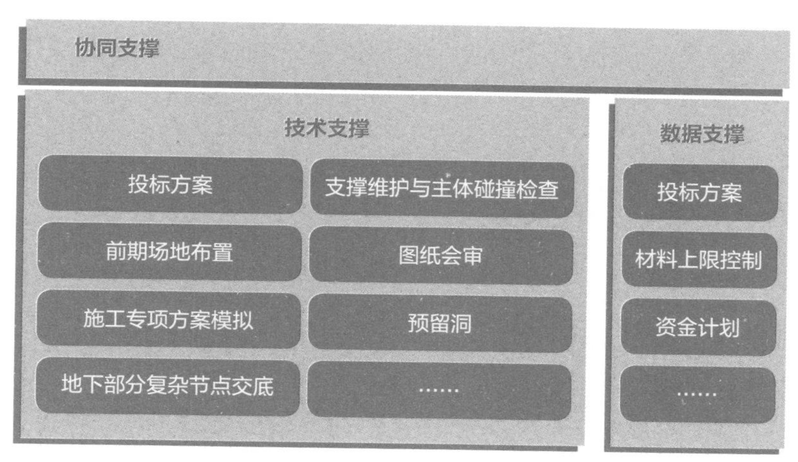

图 3-7　BIM 用晚了，会错过的应用点

（4）高大支模查找：施工前通过 BIM 系统可以快速查找和定位出楼层中需要高大支模的位置（高大支模架是指凡高度超过 8m，或跨度超过 18m，或施工总荷载大于 10kN/m^2，或集中线荷载大于 15 kN/m^2 的模板支撑系统）。人工筛选查找高大支模的位置效率低下，且会出现遗漏，如果在施工后才发现遗漏，施工安全会存在很大的隐患。

（5）支撑维护与主体碰撞检查：施工前地下支撑维护模型（如隔构柱、中隔墙、支撑梁等）和地上主体结构模型，进行碰撞检查，不仅校验支撑维护方案合理性（如隔构柱偏离支撑），同时检验出支撑结构与主体结构间存在的碰撞点（隔构柱与主体梁间距过小造成无法施工等问题），避免在主体结构施工时支撑维护影响主体结构施工。

（6）图纸会审：图纸会审可以提前发现图纸的缺陷，提前发现并解决问题，避免返工，节约工期。如果在施工过程中才发现图纸问题，会造成不必要的返工，费材费工的同时施工进度也会受到影响。

（7）地下部分复杂节点交底：施工前通过 BIM 可视化模型提前对地下部分节点，尤其是基础部分的复杂节点进行交底（复杂集水井、异形承台等），通过 BIM 模型的可视化交底，不仅让现场的技术员深刻理解图纸，更会避免因对图纸错误理解而造成的错误施工。

（8）材料上限控制：施工前通过碰撞检查系统查找出设计图纸中遗漏的预留洞口，避免在施工后发现该预留的洞口没有预留而凿洞返工，不但费时费工影响施工进度，而且现场凿洞返工对结构有一定的影响，存在结构安全隐患。

（9）预留洞：基础和地下室工程主材用量大，造价高，对总成本影响大，精确的用料计划对项目整体效益非常重要。施工前通过对工程量精确核算，可以对现场的进料以及备料做好精确计划，控制好材料的上限；前期材料上限控制，不仅避免在施工过程中进料过多造成不必要的材料浪费增加成本，而且对公司和项目整体资金的合理安排提供保障。

> 鲁班 BIM 团队在南方某酒店项目发现了一层楼的净高不够，但因施工单位与鲁班合作较晚，BIM 技术介入时该层一次结构施工已经完成，酒店方只能被迫改变楼层功能，造成巨大损失。

（10）**资金计划**：项目前期需要进行项目的成本分析，制定资金计划，用了 BIM，可以更快更准确地了解项目的成本进展与需要准备的资金情况，对于后续的成本管理与现金流管理有巨大的作用。

案例：鲁班 BIM 团队在南方某酒店项目发现了一层楼的净高不够，但因施工单位与鲁班合作较晚，鲁班 BIM 技术介入时，该层一次结构施工已经完成，酒店方只能被迫改变楼层功能，造成上千万元巨大损失。

BIM 应用越早，价值越高，项目部成员对 BIM 的认可度越高，BIM 的推进也就越快越有成效。介入晚一些，价值体现明显下降，影响 BIM 在公司的推行。

因此，无论是企业还是单个项目，BIM 应用越早，对于企业、项目的价值越高。介入较晚，则会错失很多机会。

施工企业篇

BIM 在建造阶段的全过程应用

BIM 技术的成熟和普及使得项目管理有了质的突破，建筑工程管理信息化、流程化、精细化将成为可能，并不断完善。

根据行业内调查研究发现，使用 BIM 受益最大的是业主，BIM 贡献最大的是设计，BIM 动力最大的反而是施工。施工企业使用 BIM 的动力这么大，总结下来主要是以下几方面原因：

（1）通过 BIM 展示企业技术实力，增加项目中标率；

（2）利用 BIM 技术实现强大的数据支持、技术支撑和协同管理支撑，加快项目进度，提升项目质量，大幅降低成本；

（3）利用 BIM 提升企业精细化管理水平，加强企业管控能力，提升项目利润。

目前 BIM 还处于初级阶段，还需要不断完善。但是，从目前已经落地的 BIM 应用来看，BIM 已能为施工企业创造了非常大的价值。有理由相信，施工企业越早使用 BIM，在将来更加激烈的市场竞争中越能掌握先机。

图 3-8 总结了当前施工企业应用比较多的 BIM 应用点，主要利用 BIM 技术在投标、施工准备、施工、竣工结算过程中为项目和企业提供技术支撑、数据支撑和协同支撑，有效地提升了项目的进度管理、成本管控和质量安全管理。

随着 BIM 技术的成熟和发展，BIM 技术会成为建筑业的“操作系统”，即

目前施工企业主要利用 BIM 增加中标率、提升项目管理水平和解决“高、大、难”项目的技术问题。

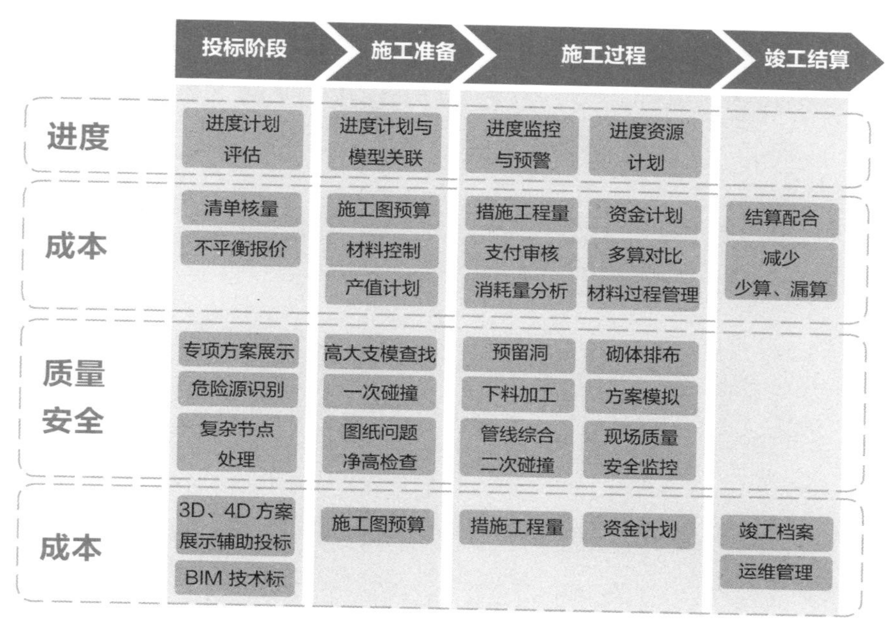

图 3-8　BIM 在建造全过程中的主要应用

BIM 将全面支持项目甚至企业管理各条线的工作，项目管理和企业管理的很多工作（包括技术类、质量安全管理、成本、现场施工管理、进度管理、资料管理、协同）会在基于 BIM 的平台上作业，过程数据更方便存储、检索追溯和统计分析。企业的工作更有效率，获得更高的质量、更好的数据管理、更好的协同能力，最后将创造更高的项目价值。

BIM 技术在投标阶段的落地应用

随着越来越多的 BIM 技术应用被研发出来，BIM 技术的应用会贯穿项目管理的整个生命周期。施工企业要想获得最大的 BIM 技术应用投入产出，在投标阶段即开始应用是非常必要的。

施工企业投标阶段的 BIM 技术应用可以实现：

1）更好的技术方案体现；

数据能力就是盈利能力。没有基于 BIM 的工程大数据创建、管理、应用能力，施工企业会失去很多赢利点，造成很多利润漏洞。

2）获得更好的结算利润；

3）提升竞标能力，提高中标率。

具体的应用包括如下几点：

（1）清单核量

有了 BIM，在招标投标阶段的短时间里可以快速准确算量，一方面可以进行精细化的造价数据分析，对内进行成本测算，总价优惠多少有数据支撑，不再靠经验、拍脑袋，也提高了编制商务标的效率。

（2）不平衡报价

大量的调查显示，施工企业投标极少单位会对业主方提供的工程量清单进行核算，白白失去了增加结算利润的最好机会。

招标单位一般给施工单位的投标时间为 15 ～ 20 天。如按传统方式，这么短的时间内不太可能对招标工程量进行详细复核，只能按照招标工程量进行组价，得出总价以后进行优惠报价。但有了 BIM，实现快速、准确算量不再是难事。企业可以以此为基础进行不平衡报价，为提高最终结算价格埋下伏笔。

（3）3D，4D 方案展示，辅助投标

利用 BIM 模型，通过专业软件渲染后，可以进行周边环境漫游、建筑物内部漫游等，通过不同角度查看建筑物整体情况。同时，BIM 模型提供的都是真实尺寸和比例，可以增加人员、绿化、车辆等参照物。给业主以直观、逼真的视觉展示，提升沟通的效率。

（4）BIM 在技术标中的应用

施工单位之间相互拼商务标，最后的结局只能是两败俱伤。要想中标，技术标也非常关键，尤其是很多高大难的工程，业主对技术标的要求非常苛刻，技术标的 1 分相当于商务标的几百万元。在技术标中，可以展示施工过程中利用 BIM 技术的一些应用与价值，如:碰撞检查、虚拟施工、优化安全文明施工方案，作为技术标的投标亮点，有效提高中标率。

BIM 技术在施工过程中的落地应用

BIM 技术在整个建造施工阶段有很多应用,如碰撞检查、管线综合、两算对比、虚拟交底、砌体排布等，各应用点在不同方面、不同程度上为图纸审查、成本分析、施工管理、技术方案等方面带来了工作便利，提高了效率，节约成本等应用带来了价值。

（1）图纸问题梳理

BIM 技术的应用必须以 BIM 模型为基础。施工企业的 BIM 模型的基础来源是设计院的施工图纸，三维模型的创建过程即是图纸问题的梳理过程，BIM 技术人员可发现结构与建筑的矛盾、图纸未标注、尺寸不合理、安装专业自身碰撞点等一系列图纸不规范甚至有错误的地方。BIM 技术人员将所发现图纸问题分专业、

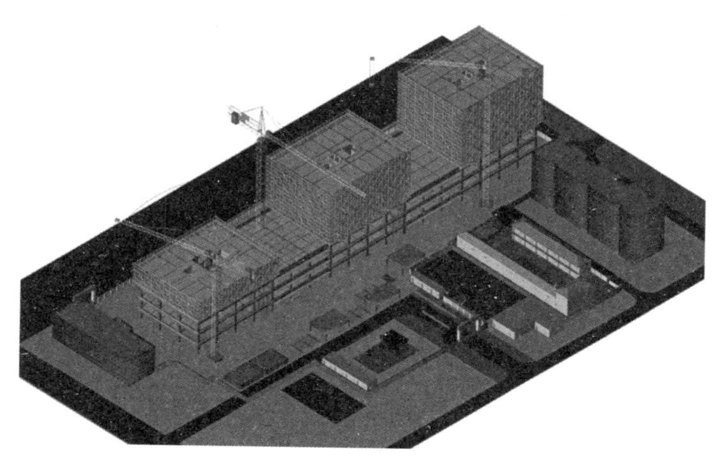

图 3-9　利用 BIM 技术进行施工场地布置

图纸号汇总，通过甲方与设计院沟通，或者直接与设计院沟通，一方面与设计人员及时进行图纸会审排除疑问，使得施工通畅；另一方面，在过程中加深了对设计图纸的理解。

（2）施工场地布置

借助 BIM 进行施工场地的布置（图 3-9），对施工现场中的邻舍、生产操作区域、大型设备安装，通过 3D 模型将以动态的方式进行合理布局，可以协助施工场地布置方案的优化，提高现场机械设备的覆盖率，降低运输费用及材料二次搬运成本；提升管理人员对施工现场各施工区域的了解，确保施工进度；提升现场合理布局，增强了绿色施工、节能减排，确保项目目标得以实现；直观、形象地提供建设相关单位暂时施工现场安排，提高沟通效率。

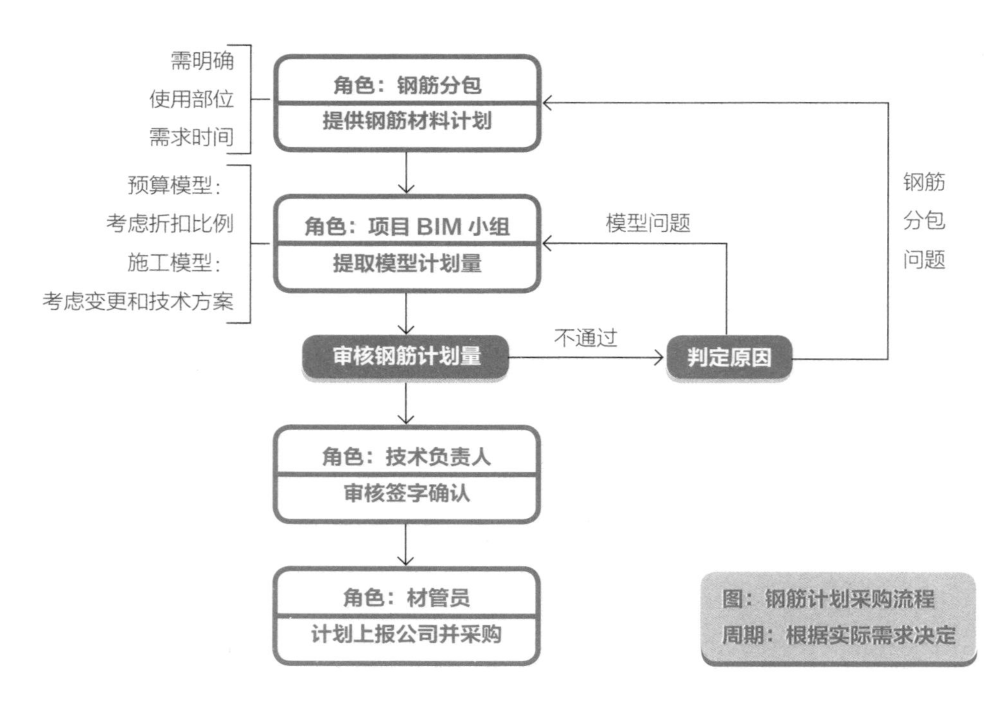

图 3-10　基于 BIM 的钢筋材料采购控制流程

40% 使用 BIM 技术可以消除 40% 的预算外变更，通过及早发现和解决冲突可降低 10% 的合同价格，而消除变更与返工的手段之一是基于 BIM 技术的碰撞检查。

（3）材料管理

目前，施工管理中的限额领料流程、手续等制度虽然健全，但是效果并不理想。原因在于配发材料时，由于时间有限及参考数据查询困难，审核人员根本无法判断报送的领料单上的每项工作消耗的数量是否合理，只能凭主观经验和少量数据大概估计。随着 BIM 技术的成熟，审核人员可以调用 BIM 中同类项目的大量详细的历史数据，利用 BIM 多维模拟施工计算，快速、准确地拆分、汇总并输出任意细部工作的消耗量标准，实现有效的材料管理，让限额领料的管理流程能真正落地。图 3-10 显示了基于 BIM 的钢筋材料采购控制流程。

（4）碰撞检查

美国建筑行业研究院研究表明，工程建设行业的浪费率高达 57%，而其中因

设计阶段已经做了碰撞检查？施工阶段还有必要再做碰撞检查吗？

碰撞检查是一个持续优化的过程。设计阶段的碰撞检查是基于图纸的理论碰撞结果，更多作用在于发现设计阶段本身的问题，由于各专业分开设计产生的设计不合理，碰撞只是建筑与机电，机电与机电预判碰撞。施工阶段的碰撞检查必须结合施工方案、结构偏差及深化设计方案查找碰撞点，可以发现影响实际施工的碰撞点。

首先设计阶段的施工图方案还不够细，需要施工方的深化设计方案；还需要考虑施工的结构偏差，如某个紧凑的空间，结构施工存在规范允许范围内的偏差也会导致碰撞的产生；施工措施、施工方案等也必须要考虑，才会真正实现实际施工时不会发生碰撞。

因此，即使设计阶段已经做了碰撞检查，施工阶段仍然很有必要再做碰撞检查。

图 3-11 某工程管线综合后局部管线走向

图纸错误导致的设计变更或返工引起的进度延误和成本增加早已司空见惯。随着 BIM 技术应用的不断深入，使用 BIM 技术可以消除 40% 的预算外变更，通过及早发现和解决冲突可降低 10% 的合同价格。消除变更与返工的手段之一是基于 BIM 技术的碰撞检查。碰撞检查的价值点主要体现在：

· 便于施工单位发现问题；

· 便于向设计单位反馈；

· 提前做好预留洞口；

· 便于确认最优方案；

· 便于施工人员和设计人员的沟通；

· 便于向施工班组交代碰撞问题。

（5）管线综合

通过对设计图纸的综合考虑及深化设计，在未施工前先根据所要施工的图纸利用 BIM 技术进行图纸“预装配”，通过典型的截面图及三维模拟可以直观的把设计图纸上的问题全部暴露出来，尤其是在施工中各专业之间的位置冲突和标高“打架”问题。如图 3-11 中显示了某工程模型综合优化后的局部管线走向。

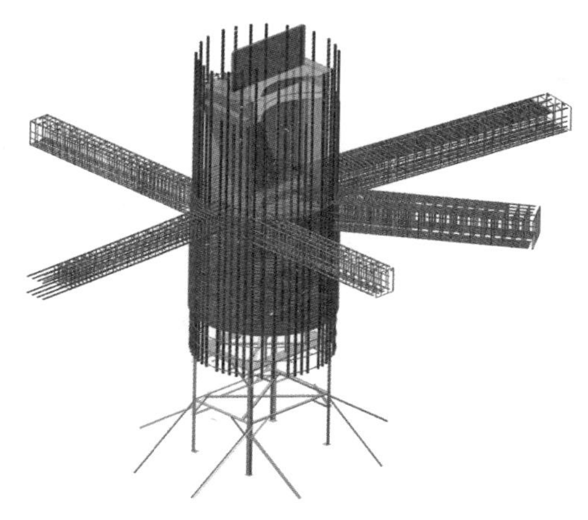

图 3-12 钢筋下料与排布模拟

目前，在鲁班 BIM 实施工程中，都在施工前提前解决“打架”问题，在实际施工中基本做到一次成型，减少了因变更和拆改带来的损失。通过管线综合，进行施工方案合理优化，避免材料浪费；建立模型后可出任意平面或剖面图形，有利于指导现场施工；为选择综合支架提供方案依据；合理排布避免返工，保证工期。管线综合有一个巨大价值是提高建筑品质，特别是提高了很多空间的净高，部分实施项目将净高提升了 10 ~ 50 厘米。

（6）施工方案模拟

将传统的现场施工方案与 BIM 技术相结合，通过三维模型对施工方案的模拟，使各项方案得到一个直观的表达，可以让施工管理人员掌握各项施工方案是否能达到施工要求，并及时发现问题作出调整。

通过施工方案的模拟，选择最优方案，进一步明确施工要求及施工标准，保证了工程质量，也为安全文明施工提供了保证。施工方案模拟有如下几种：支撑维护结构拆除方案，综合管线排布、钢筋下料及排布、土方开挖、高大支模查找、二次结构等施工方案进行三维模拟，确保施工目标实现。

钢筋下料与排布模拟。现在行业内的钢筋翻样水平参差不齐，较难做到料单既同时满足国家规范又节约钢材。而 BIM 技术提供的钢筋下料与排布方案模拟

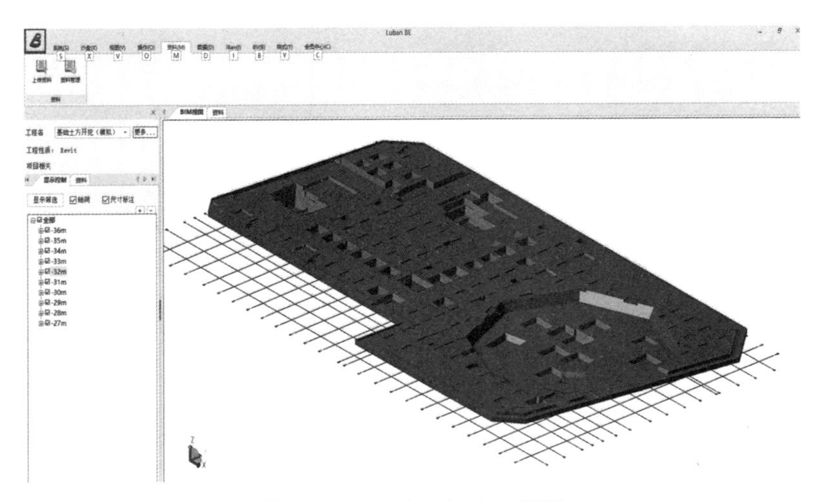

图 3-13　土方开挖方案模拟

（图 3-12），将很好地解决这个问题。

土方开挖方案模拟。利用 BIM 软件在电脑里面将复杂的基坑、集水井、电梯井的挖土过程进行模拟（图 3-13），可有效解决传统方式下土方开挖时施工现场管理人员凭过往经验来进行土方放坡带来的安全事故隐患和开挖的基坑形状难以达到设计要求的难题。

二次结构施工方案模拟。二次结构施工时如果对规范理解不够通彻有可能会遗漏许多构造柱、过梁以及圈梁，造成填充墙与构造柱、过梁、圈梁形成抗震构造体系。解决的办法是依据图纸与规范建立二次结构模型，利用模型的可视化特点解决问题。

（7）成本管控

措施工程量。通过 BIM 技术，提前、准确计算工程施工前和施工过程中非工程实体项目的消耗量，如模板工程量、脚手架工程量等，精确掌控措施费用。

支付审核。利用 BIM 技术建立的 4D 模型，可直接根据形象进度在 BIM 模型中框图即可完成进度款的汇总（图 3-14），做到对施工企业报的进度款心中有数，快速完成审核，避免超付，堵住成本漏洞。

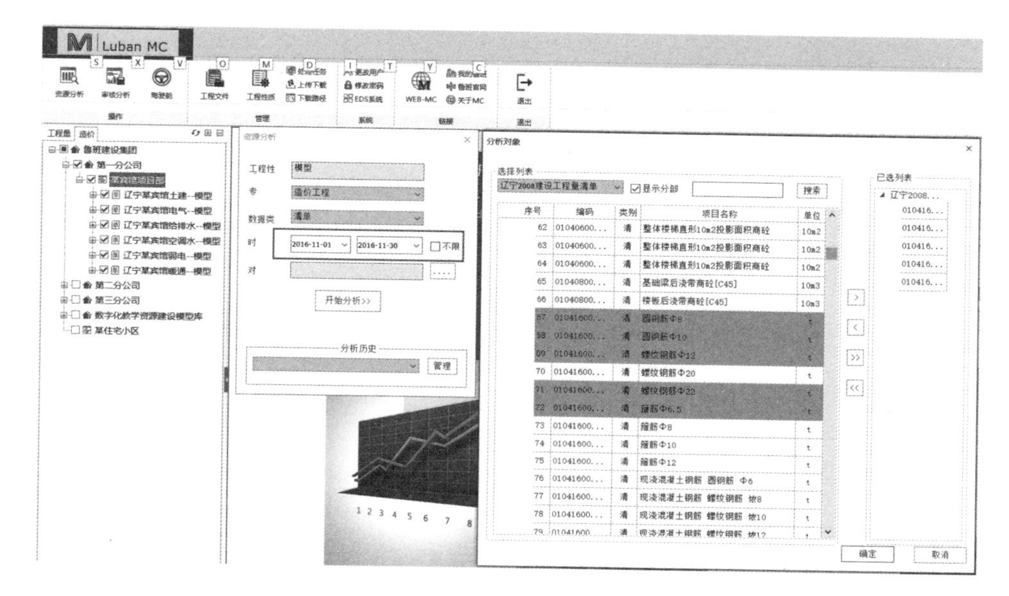

图 3-14 进度报量审核

消耗量分析。通过 BIM 系统对人工、材料和机械台班根据企业特性、工程特点、施工方案进行分析，实现过程中的多算对比，及时发现管理漏洞。

资金计划。建立的 BIM 模型跟时间维度相结合，粗的可按单体建筑来定义时间，细的按楼层、按大类甚至按区域和构件来定义时间。通过计划开始时间和计划完成时间的定义，并结合项目造价就可以快速获得每个月甚至每天的项目造价情况。最后，结合合同情况，就可以指定整个项目的资金计划（图 3-15）。

数据协同。将包含成本信息的 BIM 模型上传到系统服务器，系统就会自动对文件进行解析。同时，将海量的成本数据进行分类和整理，形成一个多维度的、多层次的、包含三维图形的成本数据库。

通过互联网技术，系统将不同的数据发送给不同的人。经过授权后不仅可以看到项目资金的使用情况，还可以看到造价指标信息、查询下月材料使用量，不同岗位不同角色各取所需，共同受益，提高协同效率。从而对所开发项目的各类动态数据了如指掌，能实时掌控动态成本，实现多算对比。

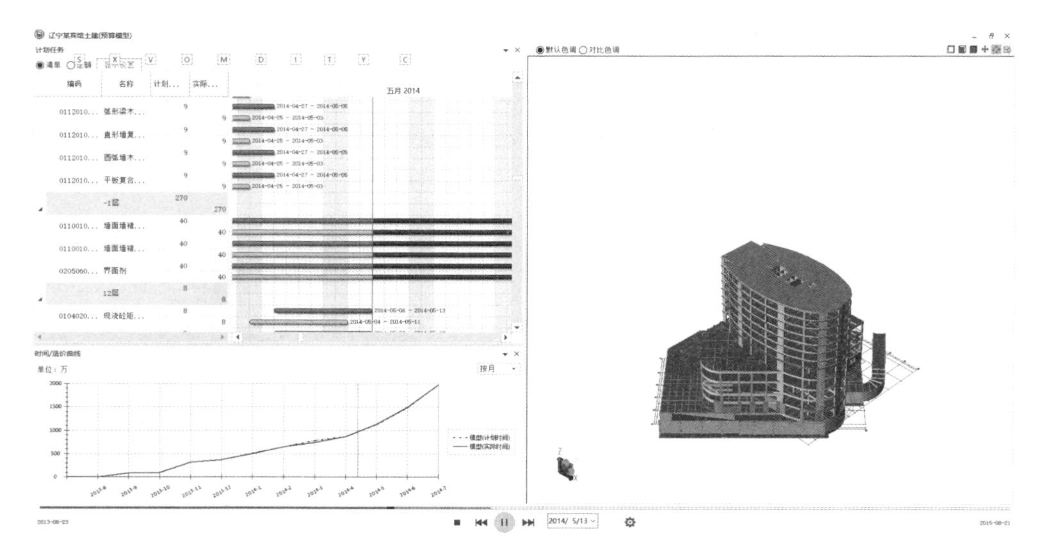

图 3-15　工程造价按各维度形象展示

（8）进度管控

通过将 BIM 模型与施工进度计划关联，将空间信息与时间信息整合在一个可视的 4D（三维模型 + 时间维度）模型中，直观、精确地反映整个建筑的施工过程（图 3-16）。同时，将项目的计划进度与实际进度进行关联，通过 BIM 技术实时展现项目计划进度与实际进度的模型对比，随时随地三维可视化监控进度进展，对于施工进度提前或者延误的地方用不同颜色高亮显示，做到及时提醒预警，并结合项目造价就可以快速获得每个月甚至每天的项目造价情况。

4D 施工模拟技术在项目建造过程中合理制定施工计划，精确掌握施工进度，优化使用施工资源以及科学地进行场地布置，对整个工程的施工进度、资源和质量进行统一管理和控制，以缩短工期，降低成本，增强项目协同能力，从而提高工程质量。

通过进度管控，可及时直观掌握项目计划进展、工期情况，协助项目管理层进行相应工作协调，计划成本与实际成本的对比，及时获得准确的数据，为施工

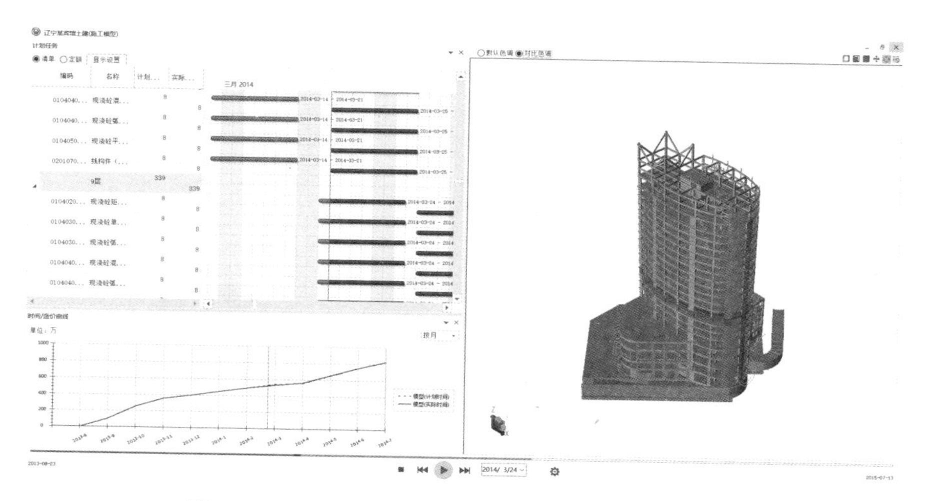

图 3-16　进度计划管理（深色代表实际进度滞后）

进度产值控制提供支撑；计划进度与实际进度的模型对比，提前发现问题，保证项目工期；根据 BIM 进度模型及时获取准确数据，制定相应的材料计划。

（9）质量安全管理

预留洞。在结构施工前，利用 BIM 技术准确定位混凝土的预留孔洞位置，对班组进行可视化交底，避免二次打洞，破坏结构，提高结构施工质量。

下料加工。工作面大、工人多的时候，可能会因为交底不清楚，导致质量问题；通过 BIM 技术优化断料组合加工表，将损耗减至最低。

管线综合。集成各专业的 BIM 模型进行碰撞检查，发现碰撞点后，在安装模型中通过三维模型调整，再次综合模型，并可导出二维平面图，生成剖面图，指导现场施工。

二次碰撞。根据重点部位的结构标高，结合深化后的机电综合排布方案，完成项目建造阶段的各专业（钢构、机电、土建结构等）碰撞检查，发现影响实际施工的碰撞点。

方案模拟。利用 BIM 多维度可视化对重要施工方案进行模拟。项目各方可利用 BIM 模型进行讨论，调整方案，BIM 模型快速相应调整，最终确定最优的施工方案。

现场质量安全监控。利用移动终端采集现场数据，建立现场质量缺陷、安全隐患等数据资料，与 BIM 模型或图纸及时关联，将问题可视化，让管理者对问题的位置及详情准确掌控，在办公室即可掌握质量安全风险因素，及时统计分析，做好纠正措施，确保施工顺利进行。

（10）协同管理

传统工作方式下，设计、施工、运维不同阶段的信息是割裂的，业主、总包商、分包商、供应商等参建单位的信息是一个个的孤岛，企业总部、各项目部的信息也是如此，而建筑物数据量相当庞大，技术表达又很复杂，仅利用二维图纸介质的表达手段和人工的数据管理，对于众多条线团队、分包商、供应商的协同显得相当无力，无法达到精细化管理要求。

基于互联网的 BIM 技术，打破了项目管理的空间、时间的概念，建立起众多项目参建单位的大型协同平台和企业内部各部门间的协同工作平台。不同的参与方利用授权机制来确定能获取信息的程度，项目的所有相关方可以在随时随地基于同一个模型，利用相同及时、准确的信息数据进行工作的协同和管理。对于企业的内部管理时，不同岗位的人可以在同一个模型中获得不同的数据用于岗位的决策支持，各取所需，总部能详细掌握项目部的信息，集团管控就有了抓手。

BIM 技术在竣工结算阶段中的落地应用

工程竣工结算是建筑施工阶段最后一个环节，直接关系到建设单位和施工企业的切身利益，各参与方都给予高度关注。按照竣工结算的一般原则和重点注意事项，结合 BIM 的优势功能，尝试建立起基于 BIM 模型的竣工结算审核流程，以期提高对竣工结算依据的全面审查效力，实现竣工结算量、价、费的精细核算，最终取得全面高效、准确、客观的工程竣工结算成果。

（1）结算配合

BIM 模型只有全部准确反映《建设工程工程量清单计价规范》GB 50500—

2013、施工合同（工程合同）、工程竣工图纸及资料、双方确认的工程量、双方确认追加（减）的工程价款、双方确认的索赔、现场签证事项及价款、投标文件、招标文件、其他依据等，才能得出一份准确的结算工程量数据。

对于结算容易遗漏设计变更、技术核定单等的问题，在项目现场一般采取的办法有两种。最传统的办法，是从项目开始对所有的变更等依据时间顺序进行编号成表，各专业修改做好相关记录（表 3-1）。

设计变更维护记录表

表 3-1

序号	变更图纸编号	变更内容	变更下达时间	钢筋	土建
1	修改通知单 29 号	基坑支撑平面布置变更	2013 年 8 月 8 日	已修改	已修改
2	修改通知单 30 号	基坑支撑平面布置变更	2013 年 9 月 2 日	已修改	已修改
3	S-D/U-3-R2002	根据业主机电专业要求，B3 层电梯间隔墙增设洞口	2013 年 9 月 13 日	已修改	已修改
4	S-E/U-3-R0004	根据业主机电专业要求，B3 层电梯间隔墙增设洞口	2013 年 9 月 13 日	已修改	已修改
5	……	……	……	……	……

传统方法无法快速明确每一张变更单修改的部位；结算工程量复核费时间；结算审计往往要随身携带大量的资料。BIM 的出现将改变这些困难和弊端，每一份变更的出现不仅仅依据变更修改 BIM 模型，并且将技术核定单等原始资料“电子化”，将资料与 BIM 模型有机关联，通过 BIM 系统，工程项目变更的位置一览无余，各变更单位对应的原始技术资料随时从云端调取，查阅资料，对照模型三维尺寸、属性，BIM 模型变得更清楚明了。图 3-17 是以某项目集成于 BIM 系统的含变更的结算模型为例，BIM 模型中高亮部位即变更位置，结算人员只需单击高亮位置的构件，相应的变更原始资料即可以调阅。

在索赔、签证时将原始的现场照片通过运用 iBan 移动应用平台及时与模型准确位置进行关联定位（图 3-18），结算时当有人对某签证提出质疑时，可迅速通过 BIM 系统的 iBan 图片数据采集平台，比较真实地“还原事故现场”，让审计或者业主心服口服，施工企业人员在施工过程中积累这类原始素材和资料，为结算提供便利。

（2）竣工资料管理

基于 BIM 技术的协同管理平台，可将施工管理、项目竣工和运维阶段需要的资料档案（包括施工班组成员信息、验收单、合格证、检验报告、工作清单、

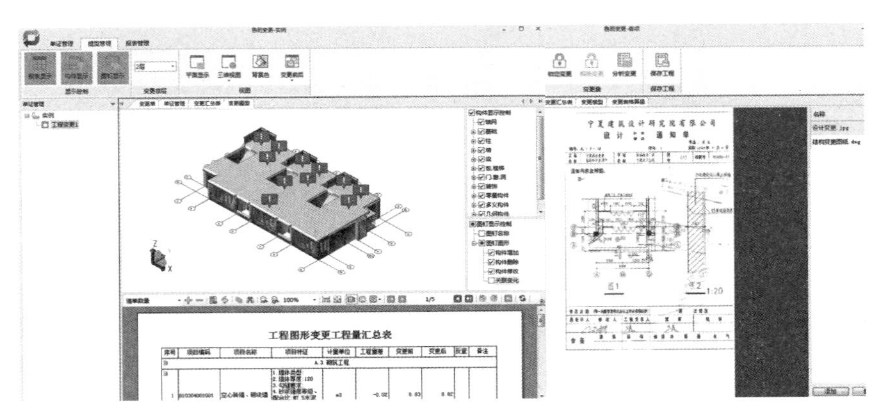

图 3-17　某项目集成于 BIM 系统的含变理结算模型

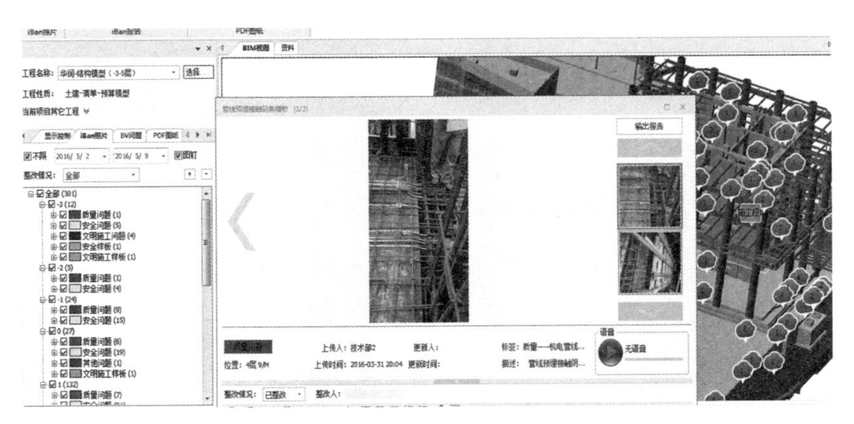

图 3-18　含 iBan 图片数据的结算模型

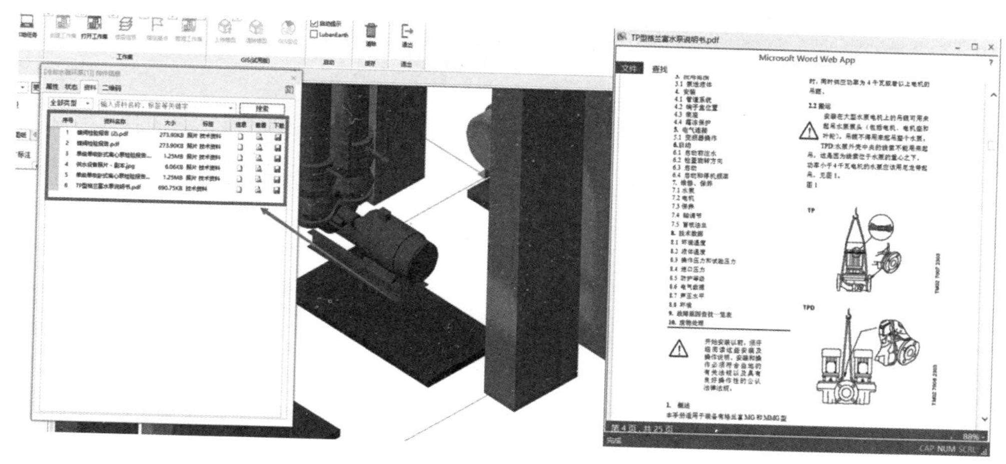

图 3-19　某项目工程资料管理

设计变更单等）列入 BIM 模型中，并与模型中的构件一一挂接（图 3-19），实现资料的可追溯性。一旦发生问题，可以在协同管理平台上直接调取与该构件相关的设计、施工、验收、运维等资料信息，及时定位问题发生的位置、分析问题原因，实现问题的可追溯性、责任的明确性。

展望

虽然目前 BIM 技术的发展仍处于初级阶段，但是经过近几年的推广，BIM 技术在施工企业的应用已经得到了一定程度的普及，在工程量计算、协同管理、深化设计、虚拟建造、资源计划、工程档案与信息集成等方面发展成熟了一大批的应用点。

进入大数据时代，BIM 技术将彻底解决建筑行业工程基础数据创建、采集、计算分析、管理应用能力低下的现状，为 PM、ERP 等企业信息化管理系统提供工程项目的基础数据，BIM 与企业信息化管理系统的完美结合，将给企业带来更大的价值。BIM 技术作为建筑业未来发展趋势，对整个建筑行业的影响是全面性的、革命性的。

施工企业篇

小前端·大后台

小前端要足够灵活，大后台则要有足够强的资源整合能力和服务提供能力，这就是未来商业变革的核心。——《商业价值》

阿富汗战争启示

苏军攻占阿富汗动用 10 万人以上的军队，战争持续 10 年难以取胜，而美英联军在阿富汗战争中仅动用 123 人特种部队，用时两个月便大获全胜，推翻了塔利班政权。原因不在于其战略战术的高明，而是由于信息技术的巨大进步改变了战争的模式，使战争效率有了革命性的进步。信息技术让战争前端大幅变小，少量的人员装备往前突击，信息和数据迅速反馈到后台，同时由卫星、雷达、红外线感应及各种探测数据组成立体信息采集系统，源源不断地将前线数据输往后方指挥中心，指挥中心的数据中心对海量数据进行处理计算，及时根据前线的反馈快速调度整个供应链系统（如远程攻击力量），导弹随之射向目标。大能量的攻击力量可以远离战场，但攻击速度、精确性和攻击威力远超从前，这就是信息技术改变战争模式的结果，小前端大后台成为一种更具优势的战术模式。

同样，信息技术也正在改变企业运营模式和商业模式。小前端、大后台，已越来越成为具有竞争优势企业的运营基础架构。

沃尔玛网点的实体店虽然也算庞大，但相对沃尔玛自备的卫星数据传输网，强大的物流数据中心、配送系统和销售数据的采集、分析处理中心，实体店都只能算一个小小的前端。当前，就算小型快递公司都有快件跟踪处理中心，当快件业务员将本单业务利用手持扫描设备和数据录入后，立刻通过无线网络进入数据中心，每个环节的信息将持续进入数据中心，客户可以全过程通过网络实时查到快件状态。快件业务员的位置通过 GPS 定位，用以快速调度作出业务响应，大

> 过去由业务前端完成的任务，现在可以由总部统一集约化完成，这将是大行其道的企业小前端大后台模式。

幅提升效率，降低了成本，提高客户满意度。总部获取信息能力很强，调度能力很强，企业后台有足够强的资源整合能力和服务提供能力，快速支持前端。过去由业务前端完成的任务，现在可以由总部统一集约化完成，这将是大行其道的企业小前端、大后台模式。

国内建筑企业运营模式现状

作为中国最大的产业之一，建筑业的运营模式还相当落后。由于管理理念落后，缺乏信息化智能数据采集分析处理反馈系统，总部决策能力、支撑能力和整合资源能力很弱，运营模式至今还是大前端、小后台的落后陈旧生产方式，甚至大部分项目还依靠承包制完成。这种状况导致中国建筑企业在近十多年业务规模快速扩张的情况下工程质量问题频出，盈利能力下降，风险控制能力薄弱，资源浪费严重，引起很大的社会问题。以包代管的双包模式在国有大型建筑企业也大行其道，这种情况的出现，确是企业缺乏内在能力而市场需求不断快速增长所引发的。

前十多年在竞争环境不良、建设规模增长的背景下，我国建筑企业普遍忽视了企业扩张对自身能力要求的反思，未能意识到企业管控系统和对项目部的支撑系统是如何建设的，导致国内建筑业发展的巨大困境：产业集中度提升缓慢，恶性竞争严重，产业问题（质量低劣、农民工欠薪、工程款拖欠）无法找到突破口。

“小前端、大后台”趋势

“小前端、大后台”的运营模式与集约化经营理念是相通的，是先进生产力方式，定将改变当前“大前端”模式带来的项目经理个人水平代表了企业水平、资源整合难以实现导致的资源浪费的局面。由于工程项目管理的特殊性(单一性、流动性等)，导致项目部利益和企业利益有很大相异之处。“前端”项目的运营信息（数据）不能源源不断地实时汇总到总部数据库来,总部很难实现风险管控（资金、安全和质量等)；同样，总部（后台）没有强大的数据库，无法为项目的运营提供支撑手段，是没有能力的后台（总部)，甚至可能退变为光收管理费卖牌子的“税务局”，或者说是一个“银行”。

当前我国建筑业已到了一个历史岔路口，企业发展普遍碰到天花板，大量建筑企业向外行业（多元化）突围的“转行降级”在战略上是不高明的。实行内部变革，在产业内突破最有价值，通过管理理念的转变和运营模式的升级才是高明之道。提升总部能力，实现集约化经营，让每个项目的实施都体现企业最高水平和能力，而不仅决定于项目经理的个人水平。

从行业发展的角度看,“小前端、大后台”将是国内建筑企业能力提升的趋势，是竞争取胜，突破天花板的努力方向。

大后台：三大关键数据库

建筑企业“小前端、大后台”运营模式的突出特点是企业总部有强大的数据库系统，项目部的采购价格信息、供应商信息、产品设备信息、成本控制信息和技术资料等能快速得到总部的响应支持，总部的信息系统和数据库能根据项目部前端信息（数据）作出智能分析并快速给出合理反馈。

在这一体系建设过程中，有三大数据库（实物量、价格、消耗量指标）是非常核心的，应立即着手建设（图 3-20)。这三大数据库也是现阶段第一轮特级建筑企业信息化的瓶颈所在，由于缺乏这三个数据库，已上线的 ERP 系统难以发挥出价值，仅能发挥收集实际支出的价值，而无计划能力和短周期多算对比能力，项目部难以从信息化中获得更大价值，填报数据时大幅增加工作量，导致项目部对信息化的抵抗情绪相当之大。

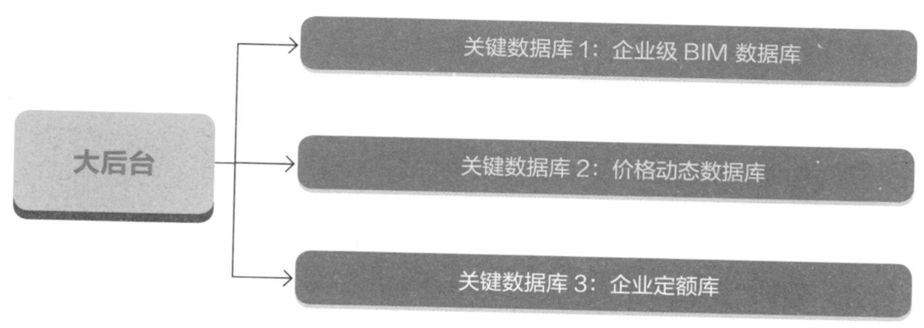

图 3-20 企业大后台需建立三大关键数据库

提升项目能力的关键是解决快速准确测算造价（成本）的能力，这是计划的基础。这一能力的具备需要企业级大规模数据的支撑，能通过网络（或无线网络）实时远程调用企业总部三大数据库，快速准确完成成本测算，ERP 系统也可快速获取项目基础数据用于管理分析（图 3-21）。而当前国内建筑企业各项目的造价（成本）预算还只能依靠造价人员的个人经验及准确性、实时性和完整性很差的政府定额和指导价本机数据库来实行造价（成本）测算，这些数据多年未更新，非实时动态，有的项目误差可高达 50% 以上，离精细化管理差距甚大。当然总部也能利用这三大数据库实现对项目部的准确管控，实现与项目部的信息对称。

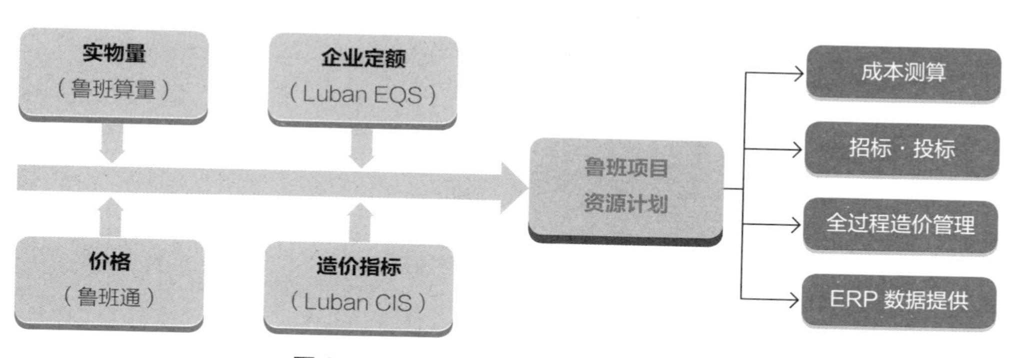

图 3-21 企业级项目基础数据支撑系统

企业级 BIM 数据库

BIM 模型一般是针对单个项目，对于企业而言，正在施工的项目有几十个甚至上百个，同时管理多个项目时，必须实现项目群的 BIM 模型的集中管理。量、价 BIM 数据创建好后，可将包含成本信息的 BIM 模型上传到基础数据分析系统服务器，系统就会自动对文件进行解析，同时将海量的成本数据进行分类和整理，形成一个多维度的、多层次的、包含三维图形的成本数据库。同一个企业，在同一个 BIM 系统中，即可统计多个项目上个月完成的产值，下个月该采购多少材料（如钢筋等），这为企业的集中采购、集约化经营提供了管理基础。

BIM 的核心价值之一在于协同，利用云技术与 BIM 技术的结合，可以有效地实现 BIM 数据的集中管理与公司成员间的数据协同。通过互联网技术，系统将不同的数据发送给不同的人，或者不同的人可以根据不同的权限查询相关的数据信息。例如，总经理可以看到项目资金的使用情况，项目经理可以看到造价指标信息，材料员可以查询下月材料使用量，不同的人各取所需、共同受益。从而，对建筑企业的成本精细化管控和信息化建设产生重大作用。此外，BIM 数据库里的三维数据信息对于项目的技术管理提供较大的支撑。目前，效果体现最明显的莫过于碰撞检查，通过三维位置信息的判断检查设计图纸中的错、缺、碰、漏等施工方案模拟，高大支模查找等都是为项目提供技术支撑的具体应用，随着技术的发展并将不断拓展延伸。

价格动态数据库

价格动态数据库是基于互联网的材料、机械设备、人工等动态数据的收集、分析和共享系统。价格信息积累具有自增长机制，以应对少量的产品种类、品牌种类、供应商数据，能自动分析中准价，有严格的授权控制体系。

材价占据项目总成本的 60% ~ 70%，对建筑成本影响极大的建材（如钢材）、能源价格波动剧烈，且易受国内外政治、经济形势影响，不可预计因素多。而且，材料价格与运输距离、支付方式等条件也密切相关，因此，我国建筑企业对当前

> 企业定额的形成和发展需要经历从实践到理论、由不成熟到成熟的多次反复检验、滚动、积累。在企业定额库的建立与完善过程中，BIM 可以发挥巨大的作用。

的建筑产品价格要素也难以掌控。材料种类繁多，如某中字头企业的 ERP 中有 16 万种材料编码，其中钢材有 1 万种编码。没有实时海量的企业价格数据库作支撑，在面对海量的产品、价格、供应商时将无能为力，对市场掌控能力将非常弱小。

一个良好的企业价格动态数据库可以大幅提升编制标书、预（结）算等各项造价工作的效率；员工离职时，工作成果、平时管理的项目所积累的价格信息资料能够留存在企业价格数据库中；团队所有成员的工作成果能够形成共享，鲁班数据研发的鲁班通系统利用先进的 BSNS（商务社交网络）理念，建立低成本高效率企业级价格收集、分析、发布系统，是当前业内相当不错的解决方案。

企业定额库

企业定额是指企业根据自身的施工技术和管理水平，以及有关工程造价资料制定的，并供本企业使用的人工、材料和机械台班消耗量标准。企业定额是招标投标、成本控制与核算、资金管理的重要依据，也是企业的核心竞争力之一。但可惜的是，因为定额所涉及的子目众多，需要大量的数据搜集工作等，给企业定额的编制带来了巨大的困难。企业定额的形成和发展需要经历从实践到理论、由不成熟到成熟的多次反复检验、滚动、积累。

在企业定额库的建立与完善过程中，BIM 可以发挥巨大的作用。

有助于企业定额的建立：BIM 模型本身就包含了完整的工程消耗量信息，且可以实现时间、空间、进度工序（WBS）的多维数据分析抽取，将企业各个项目的 BIM 模型数据整合在一起，便是一个最真实、最丰富的企业定额数据源。

以此为基础，建设企业定额库的难度和工作量都是最低的。

有助于企业定额的动态维护：传统模式下，定额的量价信息需要依靠人工从定额站和建材信息网站等处采集，信息的准确性、及时性和全面性都有严重问题。若以此建立企业定额，终将因缺乏活力而失去生命力。而 BIM 模型数据将随着工程项目的建设而逐步丰满。企业定额的维护过程中，通过软件系统可以智能化、自动化地从中汲取充分的给养。

基于 BIM 和互联网数据库技术的企业定额库系统框架如图 3-22 所示。

企业定额库系统应基于 wiki（维基）思想来建立，将一个大面积化整为零，不断自我完善，最终实现自我学习、自我优化。这样，企业不难建立自己独有的企业定额管理系统。鲁班数据研发的企业定额管理系统（Luban EQS）能实现这样的功能。

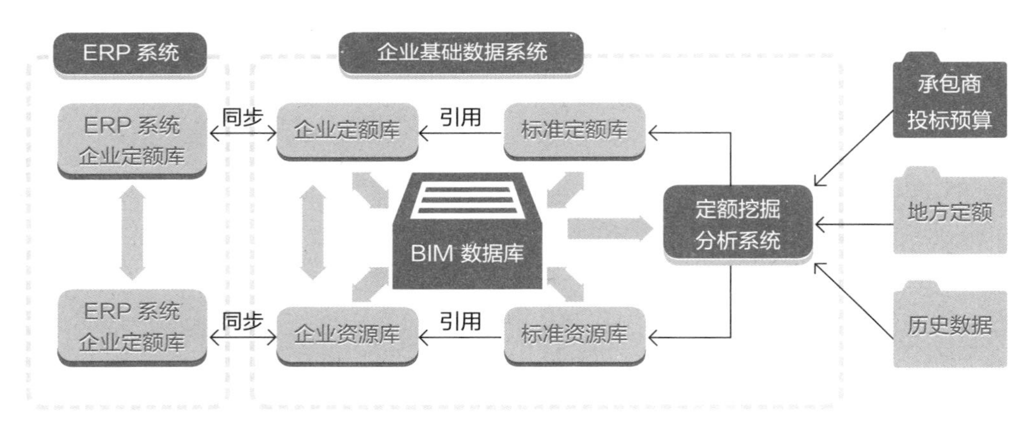

图 3-22　基于 BIM 和互联网数据库技术的企业定额库系统

施工企业篇

双剑合璧：BIM 与 ERP 的对接

BIM 与 ERP 的结合，能发现项目的内控管理问题，挖掘不足，预警问题，进一步提升企业的管理能力。

“十二五”期间，住房和城乡建设部出台的特级资质考评中增加了信息化的要求，为此我国施工企业掀起了一轮信息化建设的热潮，但成效并不太理想。最主要的原因在于，系统中缺乏关键项目基础数据（量、价、消耗量指标）的支撑，普遍发挥不出应有的价值和功能，有的甚至成了空中楼阁，严重挫伤了企业信息化的积极性。

建筑企业项目管理和企业管理面对的数据可分为两大类，即基础数据和过程数据。基础数据是在管理中和流程关系不大的数据，不因施工方案、管理模式变化而变化，如工程实物量、各生产要素（人、材、机）价格、企业消耗量（企业定额）等项。工程实物量决定于施工图纸;各生产要素价格，由市场客观行情确定;企业消耗量指标与企业生产效率相关，也相对固定不变。而费用收支、物资采购、出入库等数据，都会在生产过程中因施工方案、管理流程和合作单位的变化而变化，因此是过程数据。

在实际过程中，基础数据是由 BIM 技术来提供和实现，而过程数据是由 ERP 来记录，BIM 与 ERP 的合作就能实现计划与实际量进行对比，则能发现项目的内控管理问题，挖掘不足，预警问题，而进一步提升企业的管理能力。

BIM 技术平台的优势在于它是一个极佳的工程基础数据承载平台，优势在于工程基础数据的创建、计算、管理和应用，主要解决“项目该花多少钱”的问题。ERP 优势在于过程数据的采集、管理、共享和应用，主要体现“项目花了多少钱”。二者是完全的互补关系，即 BIM 技术系统为 PM、ERP 系统提供工程项目的基础数据，完成海量基础数据的计算、分析和共享，解决建筑企业信息化中基础数据的及时性、对应性、准确性和可追溯性的问题。两个系统的完美结合，将取得多赢的结果，两个系统的价值将大幅增加，客户价值更是取得 1+1 > 2 的效果。

BIM 技术工程基础数据系统和同样有 BIM 支撑的 ERP 系统的无缝连接，完全可以实现计划预算数据和过程数据的自动化、智能化生成，自动完成拆分、归集任务。不仅可大幅减轻项目的工作强度，减少工作量，还可避免人为的错误（不准确、不及时、不对应、无法追溯），实现真正的成本风险管控，让项目部和总部都能实现第一时间发现问题，第一时间提出问题的解决方案和措施，做到明察秋毫，精细化管理程度就可向制造业水准靠拢。

根据目前市场 BIM 与 ERP 对接情况来看，需要对接的具体数据分为企业级数据和项目级数据。

企业级数据：分部分项工程量清单库、定额库、资源库、计划成本类型等数据。

项目级数据：项目信息、项目 WBS、项目 CBS、单位工程、业务数据。具体数据对应关系如图 3-23 所示。

在基础数据分析系统服务器的数据库上有两套 Web Service，一套是自己的客户端使用的，可以获取和操作基础数据分析系统服务器中数据库中的数据；另外一套给 ERP 系统调用，只能用于获取该服务器数据库中的 ERP 数据。

对 ERP 接口主要以 Web Service 的形式提供，具有平台无关性和语言无关性，可以比较方便的和其他系统集成。

由于接口主要是在企业内部系统之间调用，所以采用比较简单的信任 IP 控制。

> BIM 技术系统为 PM、ERP 系统提供工程项目的基础数据，完成海量基础数据的计算、分析和提供，解决建筑企业信息化中基础数据的及时性、对应性、准确性和可追溯性的问题。

图 3-23　基于 BIM 的造价基础数据与 ERP 系统对接

部分接口返回的数据量可能比较大，针对这些接口采用分页获取数据的方式。

如在上海中心项目上，上海安装工程集团有限公司实现了鲁班造价软件数据与项目管理系统（上安 PMS）间的数据对接，实现了计划数据的自动获取，有效地提升了计划数据获取的效率与准确性。

BIM 与 ERP 的无缝连接将是未来的趋势，BIM 软件厂商与 ERP 软件厂商都在互抛橄榄枝。尤其是鲁班与新中大，经过三年多的协作与实践，产品已经实现打通，并积累了中国二十二冶集团、龙信建设集团、深圳建业集团、江苏正方园建设集团、福建恒亿建设集团等整体解决方案的成功案例。

观点 PK 之：BIM 与 PM/ERP

江苏邗建熊总

目前很多企业花重金搞信息化，考评过后绝大部分基本上不用了，包括很多软件公司大力宣传的成功企业。花个几百万元或上千万元在 BIM 的推广应用上，对企业或整个行业的发展更有实际价值。

鲁班咨询杨宝明

我赞同，没有 BIM 的基础，核心业务（指成本、利润）的信息化是不好搞的，甚至是不可能的。PM 承担了采集、管理、分析过程数据的职能。建筑业传统 PM/ERP 有一些功能不足，一定要通过与 BIM 系统结合来解决，如项目上基础数据的四性问题：及时性、准确性、对应性、可追溯性。

华侨大学祁博士

BIM 不仅是施工企业对项目进行管理的多维度数据库，或者资源池；为了更好地服务于施工企业基层管理、中层控制及高层决策，就需要 BIM 与 PMI 或者 EIM 高度集成；因此现阶段 BIM 的大量数据需要按照 PM 的要求和结构化的格式，采用引擎输入到 PM 系统中。换言之，PM 系统可以采集 BIM 中的工程基础信息，包括 WBS、工程量清单、工程实施完成情况、工程造价信息、工程成本信息以及空间结构信息等。

上海安装呼总

BIM 解决一个 PM 的基础数据源及其合法性的问题。

华侨大学祁博士

应该讲 PM 数据分解成项目经营管理、企业经营管理两层面，但是我觉得 BIM 的工程量、进度、造价及成本是这两个层面的基础数据，是 PM 能够真正进行成本控制的核心和关键数据。

武建熊总

个人理解，现代化的 PM 核心价值，就是要基于 BIM 的数据平台承载。

鲁班咨询杨宝明

BIM 是一个多维度结构化的数据仓库，数据格式和编码两个系统认识后，ERP 系统自己去取就可以了。据维度参数，BIM 数据库系统提交给 ERP。

江苏邗建熊总

要直接对接还有一个过程，但暂先把 BIM 系统形成的数据作为管理系统的参考数据也未尝不可，同样很有价值，等技术成熟后再考虑互通整合。

鲁班咨询杨宝明

互通是有一个过程，在并行过程中已起到支撑 ERP 的作用，比手工整理好很多。

上海安装徐总

如果 BIM 应用能落地，那么我想 BIM 与 PM 的结合是个很好的完美婚姻。

来源：《新鲁班》读者群

施工企业篇

BIM 成功应用路线图

BIM 技术在项目管理中应用成功与否，相关的软件系统是基础，配套的专业人员、管理制度、应用流程等才是关键。成功的 BIM 应用方案必不可少。

俗话说得好：没有最好，只有最合适。BIM 技术在企业中的应用也是如此，只有适合企业的才是最好的选择。根据鲁班咨询的调研（图 3-24），施工企业中有近 90% 的人员觉得 BIM 的价值非常大，没有人认为 BIM 没有价值。但目前大部分企业都苦于无从下手，或者还处在尝试摸索的阶段，如何成功实施 BIM，成为目前大家普遍关注的问题。

单单通过采购 BIM 软件系统是难以实现落地应用的。企业 BIM 实践中会发现，软件系统的操作学习相对比较简单，通过一定时间的培训，大部分企业员工都会操作。问题在于如何跟自己的工作相结合，如何利用 BIM 提供的数据进行管理。甚至有些应用需要其他岗位来提供基础 BIM 模型和完善 BIM 模型，以保证基础数据的准确性和及时性。BIM 应用的过程为“创建”、“管理”和“应用”。

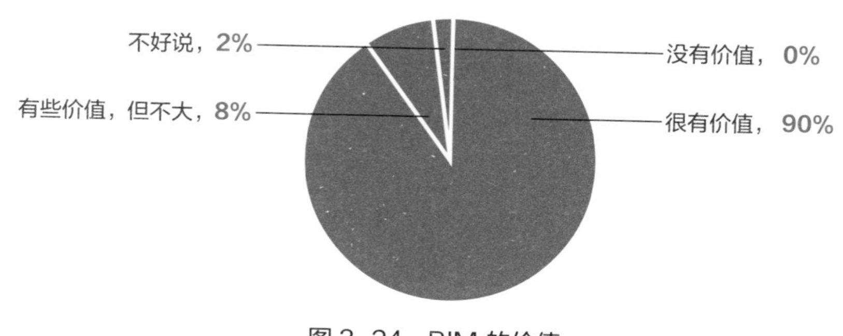

图 3-24 BIM 的价值

不同的岗位在整个应用过程中承担着不同的角色，使用不同的软件系统。只有每个人整体应用，才能发挥出价值。现实情况是，企业员工对新事物会有本能的抵触心理，而且要改变平时的一些工作习惯，因此一碰到问题都归结于软件和系统的功能不行。同时，企业高层也没有看到成功案例，缺少推行的决心和信心，导致项目最终失败。因此，直接使用 BIM 软件系统的应用方案较难直接推进，只有制定完善有效的实施步骤，BIM 才能在企业中落地开花。

通过大量成功项目的实施经验总结，也吸取了大量失败项目的教训，鲁班 BIM 团队制定了 BIM 成功应用路线图（图 3-25）。当然，并不是所有企业按照路线图实施就一定能成功，因为这里还涉及很多客观因素，至少在成功路线图的指引下企业知道该如何来做，可以帮助企业提高实施应用的成功率。

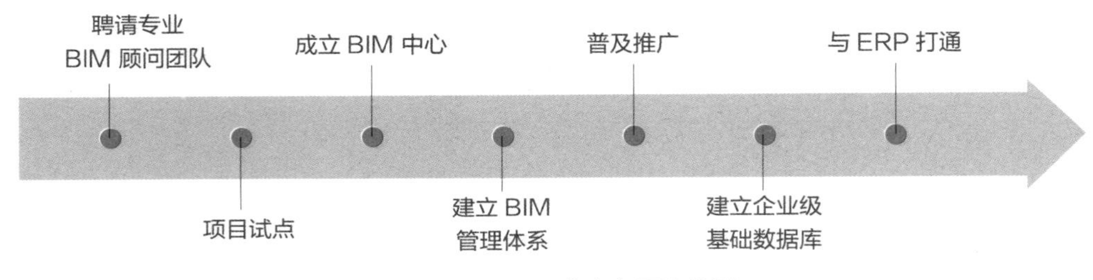

图 3-25　BIM 成功应用路线图

聘请专业 BIM 团队

随着 BIM 概念的普及以及 BIM 应用案例的增加，企业对 BIM 的了解程度也在相应提升，但这种认识还存在着片面性及杂乱性。通过短时间的学习，企业通过书籍、培训、观摩等各种途径获得了大量的 BIM 信息，但如何对这些 BIM 信息进行归纳和梳理，结合企业自身形成一套可行性的方案，大多数企业还是一筹莫展。这时，聘请专业 BIM 顾问团队可以使企业少走很多弯路，利用专业 BIM 顾问团队的研究成果、案例经验，结合企业自身的情况，建立企业的 BIM 应用架构（图 3-26），制定 BIM 应用的短期和长期计划。

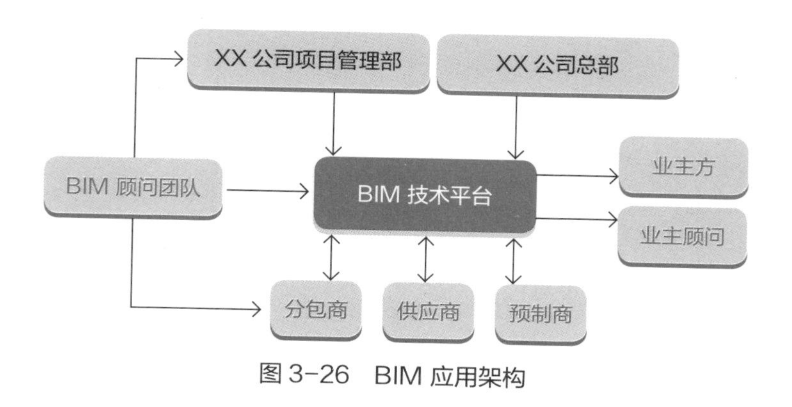

图 3-26　BIM 应用架构

专业 BIM 团队可以帮助企业进行 BIM 应用规划、BIM 项目试点标杆树立、BIM 基础培训、培养 BIM 人才、建立企业 BIM 应用体系、解决过程中的 BIM 疑问、对 BIM 应用过程纠偏等。

项目试点

根据鲁班咨询 2014 年的调查显示，目前施工企业尝试在项目中应用 BIM 技术和准备一年内开始尝试项目中使用 BIM 技术的占到了 76%（图 3-27）。说明施工企业已经有意识在项目中试点 BIM 技术，但如何选择合适的项目也是决定 BIM 后续能否在企业中落地开花的关键。

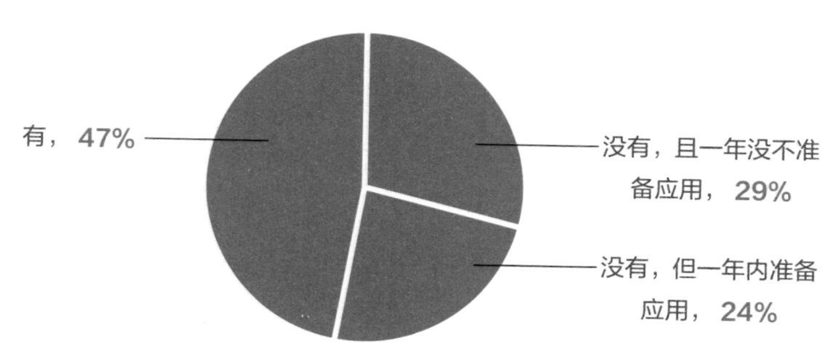

图 3-27　是否在项目中实施 BIM

企业 BIM 应用过程中切忌完美主义，不必过分追求 BIM 技术的细枝末节，考虑应用的方方面面，一定要有 100% 的把握才去行动，结果往往会原地踏步。BIM 作为一项新技术，其发展和成熟会有一个过程，现阶段 BIM 肯定还存在一定缺陷，例如设计、施工和运维三个阶段 BIM 应用相对独立，各专业 BIM 模型接口还不完善等。但是必须看到，目前 BIM 能为企业解决的问题价值已经非常大，是先做起来，利用 BIM 现有价值帮助企业提升，还是等企业都应用成熟了才开始尝试呢?

BIM 应用最佳的切入点还是通过项目的实际应用，在应用过程中掌握和熟悉 BIM，培养自己的 BIM 团队，建立适合企业的 BIM 管理体系。通过试点项目在企业内形成标杆，通过 BIM 项目的成功应用消除大家的疑惑和抵触，坚定大家应用的决心和信心。同时，将试点项目的成功应用经验推广应用到其他项目中。

对于试点项目的选择需要遵循以下几个原则：

一是项目越早启动 BIM 效果越好。BIM 的价值在于事前，对于已经施工的部分，BIM 价值就很难发挥出来。另外，在正式施工前进入有利于做好各项基础准备工作，有利于专业 BIM 团队和项目管理人员进行磨合。在项目施工过程中实施 BIM，现场管理人员的精力和时间有限，对 BIM 的顺利开展会产生影响。

二是项目体量和难度需达到一定规模。BIM 在体量越大和复杂度越高的项目中价值体现越明显，普通的项目管理相对简单和轻松，即使 BIM 成功应用也很难起到标杆价值。例如住宅项目，难度较小，类似工程大家做了很多，已经驾轻就熟，很多施工工艺和复杂节点在住宅项目上也很难体现，例如安装的管线综合。而在大型复杂项目上，管理人员在施工管理中会有力不从心的感觉，因此他们对 BIM 学习和配合的热情度会更高，BIM 技术价值的发挥也更明显。

> 一间小门房也应该用上 BIM 技术，但 BIM 技术在体量越大和复杂度越高的项目中价值体现越明显。

成立 BIM 中心

在试点项目的过程中就可以根据企业情况建立 BIM 项目组，由项目部和总部管理人员组成，并且增加企业需要培养的 BIM 人才，通过项目试点过程中对人员进行培训，并且以这部分人员为班底成立企业 BIM 中心。

企业 BIM 中心的职能：

（1）创建和管理公司所有项目的 BIM 模型；

（2）建立基于 BIM 的企业级基础数据库；

（3）培训和指导各部门和各项目部 BIM 应用；

（4）对各级部门 BIM 应用进行考核和检查；

（5）完善和整理企业 BIM 应用管理制度；

（6）配合企业项目投标中 BIM 的应用（商务标、技术标）；

（7）研究和尝试 BIM 结合企业更多应用价值（包括运维阶段应用等）；

（8）……

BIM 中心的成立价值在于建立企业级基础数据库，形成基于 BIM 模型的协同和共享平台。解决上下信息不对称的局面，解决企业内部管理系统缺少基础数据的困境，为企业各职能部门的管理提供数据作为支撑，让企业管理人员可以随时准确、快速地获得项目相关数据。

BIM 中心可以隶属于工程部、总师办或经营部管理，主要考虑 BIM 技术应用与工程项目管理密切相关，同时 BIM 技术也可以作为企业管理平台，为项目部和分公司提供管理服务。分公司是否需要设立 BIM 中心，主要根据分公司所在区域以及项目数量，以及总部 BIM 中心人力资源配备情况来决定。图 3-28 是某企业 BIM 中心的组织架构。

同时，构建配套的人员培训与岗位考核晋升体系，留住人才，对于集团 BIM 中心的发展壮大极为重要。BIM 人才的培养周期相对较长，培养成功后需要提供更为广阔的发展空间，让其发挥更大的价值。而有能力的 BIM 人才长久稳定的工作状态，也为 BIM 中心更好地为集团各个项目提供服务，打下坚实的基础。

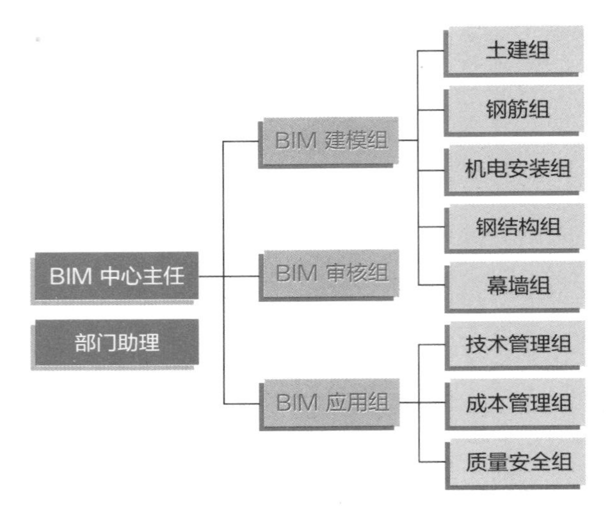

图 3-28　某企业 BIM 中心组织架构

以“在工作中学习，学习中进步，进步中晋升”为方向，使得 BIM 中心的各个员工有明确的工作目标和动力，使得内部竞争、员工级别评定、员工持续学习与能力提升、留住有能力的员工等方面的工作有了依据。

建立 BIM 管理体系

BIM 技术只有跟企业管理相结合起来才能真正应用，发挥巨大价值。BIM 的应用不是简单工具软件的操作，它涉及企业各部门、各岗位，涉及公司管理的流程，涉及人才梯队的培养和考核，需要配套制度的保障，需要软硬件环境的支持。

观点 PK 之：建筑企业如何实现 BIM 的价值？

施工技术

BIM 应用的核心理念是什么？如何部署才能实现 BIM 在企业的真正价值？

杨宝明

BIM 应用的核心理念是全面提升项目精细化管理水平，促进企业的转型升级。

企业在部署并深入推广 BIM 时，首先必须深刻认识到 BIM 的革命性价值及其对企业的战略意义，将 BIM 技术的应用提升到企业战略层面来思考与推动。其次在推进过程中，建议循序渐进，分阶段讲步骤，一步一个脚印实施，提升 BIM 的成功率与企业人员的接受度。建议先不必自行购买昂贵的软件和系统，与咨询公司合作，采取项目试点的方式，将整个 BIM 流程走一遍，同时培训 BIM 人才。待 BIM 流程运行比较顺利后，可以在全公司层面推广，这时可以设立 BIM 中心，建立企业级的基础数据库，解决总部、项目部信息不对称的问题，为各职能部门管理提供数据支撑。企业 BIM 中心梳理完毕，可以进入全公司层面的 BIM 普及与推广应用；下一步再考虑建立企业级的 BIM 数据库，为项目成本管控、历史数据积累、项目管理决策提供重要支撑；最后再考虑 BIM 系统与 ERP 系统的数据对接，实现企业内部信息化的协同管理。

值得关注的是，BIM 可以提升相关部门的工作效率，是生产力的解放与提升，但同时，BIM 的一大特点是将所有的信息都数字化了，并实现了相关人员间的共享，对企业的管控粒度大大加强。同时也实现了有据可依，原来的一些“灰色地带”、“黑箱操作”瞬间都透明了，势必会触及一些相关人的利益，因此，实施过程中会遭遇较大的中层阻力。要“攻克”阻力，首先企业一把手要重视；其次先选择一两个较成熟的项目实施，快速在项目上取得成果，更容易获得项目部人员的认可，再增加新的 BIM 应用点时，效果也会更佳。

来源：《施工技术》

因此，企业引入 BIM 不是采购几套软件就完事了，需要通过聘请专业 BIM 团队，开展 BIM 项目试点，以企业 BIM 中心为基础，结合企业自身情况，建立适合企业的 BIM 管理体系。

BIM 体系包括的内容：

（1）企业 BIM 应用总体框架（地位、价值、目标等）；

（2）BIM 相关岗位工作手册；

（3）BIM 应用与岗位的培训和考核；

（4）BIM 应用嵌入公司各管理流程（材料采购流程、成本控制流程等）；

（5）各专业 BIM 建模和审核标准；

（6）BIM 模型维护标准；

（7）BIM 应用注意事项；

（8）BIM 应用软硬件要求和操作说明；

（9）……

普及推广

BIM 应用在全公司普及有个过程，从单个项目的试点到所有新签项目试点或者部分项目试点，最后扩展到公司所有项目。在普及推广的过程中对企业 BIM 管理体系也不断进行完善。普及推广的过程中肯定会遇到不理解、抵触和反对的情况，所以之前的项目试点、BIM 中心的建立以及 BIM 管理体系的建立就起到至关重要的作用，等于在推广过程中理顺了应用思路，并且告诉公司所有人员 BIM 应用是有价值的，而且已经应用成功，无形中减少了很多阻力。

根据鲁班咨询的调研（图 3-29），目前企业应用 BIM 的主要阻力是“高层领导不重视，没有在战略高度制定 BIM 实施目标与路线”，第二大阻力就是“中层阻力，中层管理人员不愿意透明化”。在普及推广的过程中，前期需要制定详细的推广方案。首先，公司高层要参与 BIM 普及推广，协调公司资源，并且对项目实施提出明确要求并检查落实。BIM 技术一定是一把手工程，要作为企业

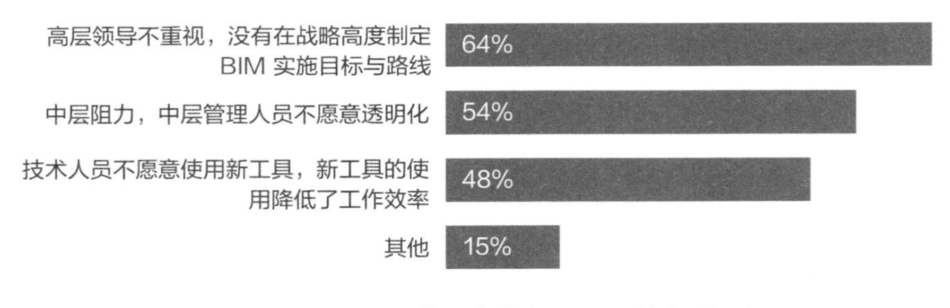

图 3-29 施工企业应用 BIM 的主要阻力

的战略来推广，很多阻力就可以克服。另外，在中层管理人员中做好引导和培训工作，明确 BIM 在企业中战略地位，重点抓推广过程中的培训及考核。

建立企业级基础数据库

解决市场与现场的对接、生产与成本的融合、计划体系的建立和实物量的控制，这是每家企业信息化建设的四大任务。要做好这四大任务，归结起来，就是数据源头的问题、数据创建标准的问题。企业内部管理系统目前在企业内部实施和应用比较普及，不过仍需深化项目管理的信息化，项目基础数据现阶段靠人工处理，创建、计算、管理、共享困难。这就导致：

（1）项目部工作量大、效率低；

（2）数据的及时性、对应性、准确性、可追溯性差；

（3）精细化管理程度提升不高；

（4）协同效率低，错误多。

真正要解决这些问题，让企业内部管理系统的价值进一步提升，企业须建立自己的基础数据库，这些数据库中最主要的就是 BIM 数据库，以及其他跟 BIM 配套的数据库（如标准构件库、企业定额库、指标库、价格库等）。并且，这些

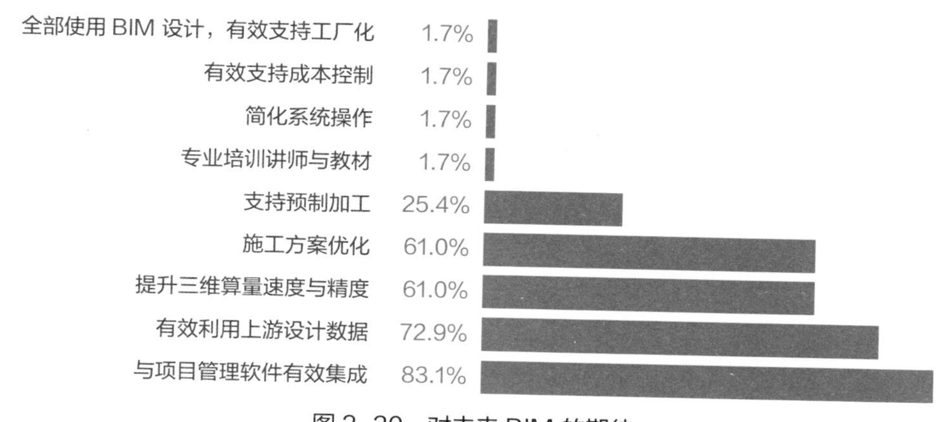

图 3-30 对未来 BIM 的期待

数据库保存在企业服务器中，可以跟 ERP 等管理系统打通，形成企业真正的信息一体化。这块数据库的建立，将为企业今后项目成本控制、历史数据积累、项目管理决策等提供重要支撑。

与 ERP 打通

经过一轮特级施工企业资质就位以及一级升特级，大部分施工企业都已经部署 ERP 或 PM 系统，但实际应用情况不是很理想，特别是在涉及企业核心的“成本管理”中，还没有发挥出应有的价值。

从鲁班咨询的调研情况来看（图 3-30），大家最期待的还是 BIM 今后能与项目管理软件有效集成，占到了 83.1%。企业信息化是一个整体，BIM 是其中重要的一个环节，因此在 BIM 成功应用之后，与项目管理软件（ERP）的打通势在必行。

BIM 应用的最终目标是 BIM 企业内部整体应用成功后，与企业 ERP 等管理系统形成数据对接，实现企业内部信息化的协同管理。

例如材料管理，前期先通过 BIM 模型计算工程量，然后根据当地定额或者企业定额来分析出工程项目所需要的材料计划量。通过数据接口，将材料计划量根据要求导入到 ERP 系统中，BIM 模型可以根据 ERP 系统要求对材料计划量进行细分，如按单体工程或单层或单个施工段等。

在材料实际领用过程中也可以利用 BIM 模型对材料使用进行控制，例如施工班组领用 20 层镀锌钢管 -*DN*150 需要 350 米，库管员可以快速在 BIM 模型中查询 20 层镀锌钢管 -*DN*150 总共用量是 306 米，根据技术人员核对，加上损耗实际控制领用为 320 米，实际领用的数据则进入 ERP 系统。

项目过程中，还可以对已经完成的工作按节点对材料进行审核，从 ERP 中调取基础和地下一层的相关材料量，与原来的计划进行对比分析，找出哪些材料控制有问题，然后采取措施对后续材料管理进行改进。

施工企业篇

施工企业 BIM 应用怎样才算达到高水平

还在炫 BIM 技术？施工企业的 BIM 应用分为几个阶段？为什么说一个小门房用 BIM 属于高水平阶段？

近期笔者与行业标杆企业家交流 BIM 技术应用，与前些年差不多，企业 BIM 核心团队介绍的还是一些类似上海中心、迪士尼、青奥中心等高大难项目的 BIM 技术应用，而且是解决特定的一些技术难点。深感中国大型施工企业在 BIM 应用方向，特别是从企业的角度战略方向上还把握不够准确。BIM 技术改变建筑业的关键点在于大数据能力与协同能力，改变了项目管理模式和企业经营模式，推动整个建筑企业的管理能力提升。解决技术难点并不是第一位的，但目前的 BIM 技术团队往往把技术应用放在首位，本末倒置了。

BIM 技术在国内施工企业的应用越来越深入普及，但目前应用总体上还处在初级阶段，大多企业对 BIM 应用发展的方向还不够清晰，特别是从企业级 BIM 发展的方向还不够明白，企业级 BIM 应用的顶层设计有较大欠缺，会影响 BIM 技术的投入产出和前进的速度，需要加快提升。

> BIM 技术改变建筑业的关键点在于大数据能力和协同能力改变了项目管理模式和企业经营模式，推动整个建筑企业的管理能力提升。

当前施工企业 BIM 应用状态

总体来讲，当前施工企业的 BIM 应用水平差距已经开始拉大，有的企业对 BIM 还了解不多，未予重视，处于被动状态；有的已经将 BIM 技术列为企业发展战略，已做了大量试点项目，有了大量投入，也获得不少成果，但由于技术选型和实施方法论的不成熟，真正进入项目级、企业级成功应用的还较少（图 3-31）。

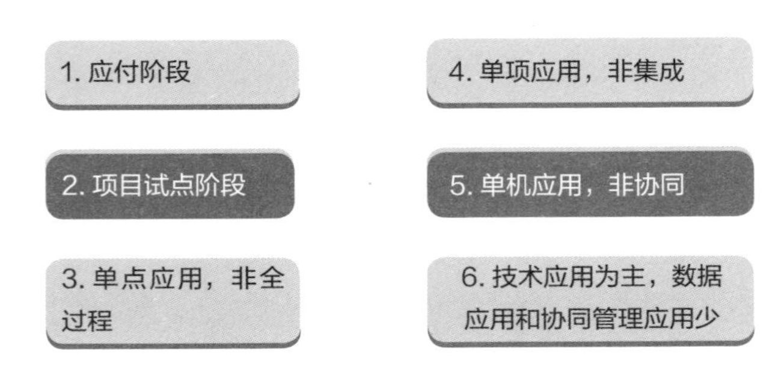

图 3-31　当前施工企业 BIM 应用状态

应付阶段。一部分企业还处在被动应用状态，在业主方强制应要求中的项目被动使用，甚至将 BIM 技术视为对施工企业不利的技术，在心理上加以抵触，这些企业的生存能力无疑将受到挑战。

项目试点阶段。大部分企业还处在项目试点应用阶段，包括标杆性企业，如中建、中铁、上海建工等，还没有到普及性的项目管理基本工具，企业级应用还处于研究阶段。

单点应用，非全过程。工具级点状应用，非全过程应用，碎片化应用，应用点少。很多 BIM 团队主要在 3D 可视化和碰撞检查，成本高、投入产出不够。一次建模、全员全过程应用，应是努力的方向，多用一次，回报多一次，成本多分摊一次。提高 BIM 的投入产出比，是实现 BIM 普及应用必须迈过的门槛。

单项应用，非集成。单专业应用，还达不到全专业的集成应用。其中，有业主的原因外，公司 BIM 团队专业不齐全、应用顶层设计能力不足，综合应用

> 很多 BIM 团队主要在做 3D 可视化和碰撞检查，成本高、投入产出不够。提高 BIM 的投入产出比是实现 BIM 普及应用必须迈过的门槛。

能力不足所致。不能集成化应用，会导致 BIM 技术应用价值不能充分发挥，甚至一些解决方案是不可行的。全专业集成化应用能大幅提升成果的可行性，提升 BIM 的应用价值，但对技术团队的技术水平要求将更高些。

单机应用，非协同。单人单机的应用方式，大大减损了 BIM 技术的价值，应用 BIM 技术产生的大量数据不能被共享、检查，数据不能被项目和企业拥有。工程项目管理三大难题之一是项目管理协同困难，效率低、错误多，基于 BIM 的协同管理可以大大缓解这一问题。这需要有一个强大的平台来支撑，大数据能轻量化应用。

技术应用为主，数据应用和协同管理应用少。BIM 技术看上去是一个强大的技术，BIM 技术发挥最大价值的两个方面却是大数据价值和协同价值，技术价值反而应该排在第三。作为企业和项目应用 BIM，要把 BIM 的三大价值，即强大的 BIM 数据支撑、技术支撑和协同管理支撑都充分地用足，尤其是强大的数据支撑和协同管理支撑要用好！

施工企业 BIM 应用达到高水平的标志

随着企业的 BIM 应用探索与发展，施工企业的 BIM 技术应用会逐渐升级到新的阶段（图 3-32）。

全过程应用。多个项目管理条线全过程应用 BIM 技术，在技术、进度、成本、质量、安全、现场管理、协同管理，甚至交付和运维方面，都可以有很多 BIM

应用点，而不是局限于某一条线某一两个应用点，导致投入产出不够。多一次应用，就增加一次投入产出。这需要好的 BIM 技术系统，专业化、本地化强。

集成化应用。建筑是一个综合性的多专业化系统工程，BIM 的应用也需要实现多专业的集成化应用，实现更为精准的技术方案模拟、成本控制和进度控制。单专业的应用在电脑中理论上可行，在实际施工运用中综合多专业多因素后，很可能无法实现，也就失去了意义。

协同级应用。基于 BIM 平台的互联网协同应用，经授权的项目参建人员都能随时随地、准确完整地获得基于 BIM 的工程协同管理平台的数据和技术支撑。

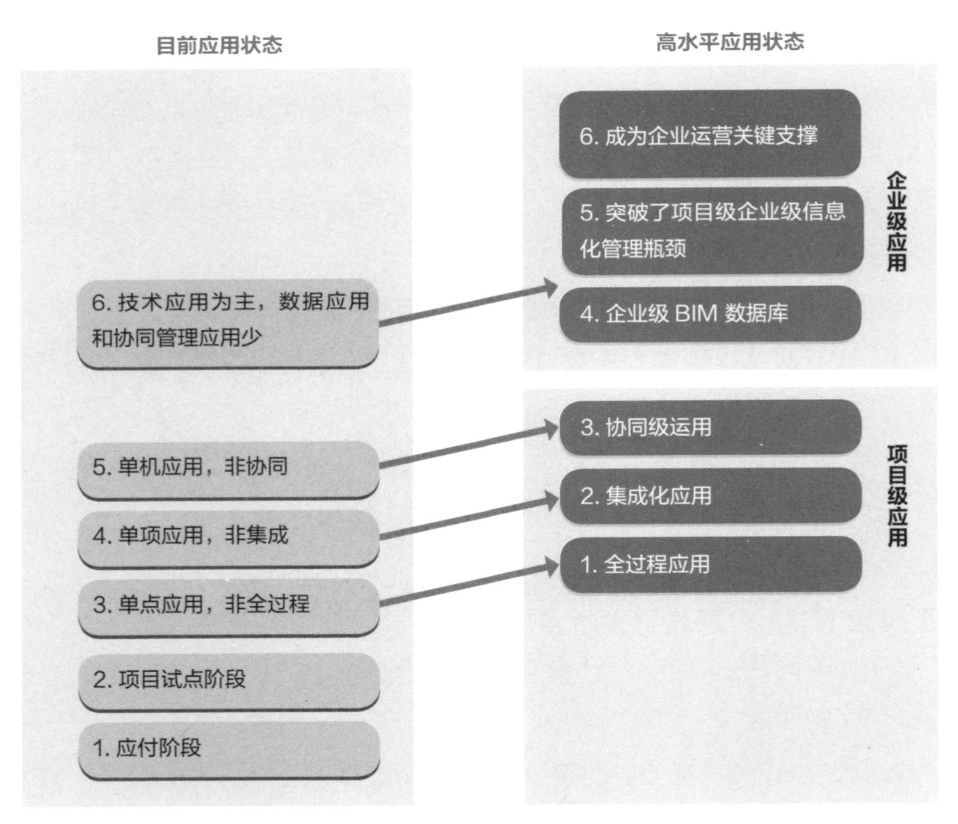

图 3-32　施工企业 BIM 应用现状 VS BIM 应用高水平状态

项目参建方的所有人员可以基于同一套模型、同一套数据进行协同，有效提高协同效率；同时，数据能被项目和企业掌握，数据授权能实现分级控制。

企业级 BIM 数据库。建立企业的 BIM 数据库平台，大量项目数据在企业数据中心被集中管理。全企业内相关管理部门、参建方可一起协同，施工行业进入营改增时代，这一点十分重要。

企业级的 BIM 数据库可以为所有业务和管理部门提供强大的数据支撑、技术支撑和协同管理支撑。

在建造过程、运维过程，到全生命周期的客户服务提供工程基础数据库，提供管理支持。

此时，施工企业在施工的所有项目，包括一个小小的门房在全过程、全专业、全范围的管理应用中，都在用 BIM 在做精细化管理。

突破了项目级企业级信息化管理瓶颈。BIM 成为 ERP 项目基础数据的重要来源，让 ERP 的价值进一步提升，同时也将提升 BIM 系统自身的价值。

企业集团实现了集约化运营。在 BIM 技术的支撑下，企业集团可以实现集约化采购、资金、周材和人员的调配计划，精准控制企业运营，大幅提升企业利润和运营规模，实现施工企业的规模经济效应。

成为企业运营关键支撑。以 BIM 技术应用为核心的技术团队成为企业整体运营管理关键支撑，为企业各条线管控、为各项目精细化管理提供数据支撑、技术支撑和协同管理支撑。这是企业集团核心大数据的来源。这在建筑业下行和营改增时代已非常必要和可行。

总之，今后验证一个施工企业集团的 BIM 应用水平，不是高大上的工程项目如何将 BIM 在技术上某几个点用得如何炫，而是全集团的类似“一间小门房”这样的小工程都在利用 BIM 做项目级、企业级的各条线的精细化管理，这才是 BIM 技术应用高水平的标志。

造价咨询企业篇

基于 BIM 的造价全过程管理解决方案

BIM 技术的发展对行业最终的影响，还难以估量，但会成为建筑行业企业和项目管理必需的工具，更是造价管理行业竞争必须具有的能力。

工程造价管理每个对象的数据都是海量的，计算十分复杂。随着经济发展，各大中城市大型复杂工程剧增，造价管理工作难度越来越高。传统手工算量、单机软件预算，已大大落后于时代的需要。令人汗颜的是行业内众多造价软件公司发展了近 20 年，造价管理软件技术无任何质的进步。目前的造价管理技术具有以下局限性（图 3-33）。

（1）造价分析数据细度不够，功能弱。目前主流造价软件还是表格法的套价软件，只能分析一条清单总量的数据，数据粒度远不能达项目管理过程需求，还

图 3-33　传统造价管理技术的局限性

只能满足投标预算和结算，不能满足按楼层、按施工区域按构件分析，更不能实现基于时间维度的分析。

（2）造价难以实现过程管理。精细化造价管理需要细化到不同时间、不同构件、不同工序等。施工企业只知道项目前后两期价格，过程中成本管理完全都放弃了。项目做完了才发现实际成本和之前的预算出入很大，这个时候再采取措施已经为时已晚。而对建设单位而言，预算超支现象十分普遍。原因首先是由于没有能力做准确的估算，其次是缺乏可靠的成本数据。

（3）企业级管理能力不强。大型工程由众多单体工程组成，大型企业的成本控制更动态涉及数百项工程，快速准确的统计分析需要强大的企业级造价分析系统技术，并需要各管理部门协同应用，但目前造价分析技术还停留在单机软件分析单体工程的局限上，企业总部还没有掌握工程 基础数据的能力。

（4）难以实现数据共享与协同。造价工程师所获得的数据还没有办法共享给内部人员。一方面是因为技术手段，另外一方面是因为所提供的数据其他人无法直接使用，需要进行拆分和加工。

造价工程师无法与其他岗位进行协同作业。例如，进行项目的多算对比，成本分析，需要财务数据、仓库数据、材料数据等。这些就涉及多岗位的协同。由于部门之间大家是平级，沟通协调成了主要问题，往往效率非常低，而且拿到的数据也很难保证及时性和准确性。

（5）数据积累困难。大数据时代已经到来，马云曾说：未来最大的能源是数据。数据积累会成为企业的财富和核心竞争力。现在社会已进入大数据时代，建筑业是典型的大数据行业，但建筑业是最没有企业数据的行业，都在基层人员的脑子里。

基于 BIM 的项目造价全过程管理解决方案

BIM 技术的发展与成熟，提供了强大的技术手段，解决上述问题时机已到。BIM 技术能帮助建立工程项目多维度（7D：3D 实体、1D 时间、3D 工序）结构化数据库，并可将数据细度达到构件级。基于 BIM 技术这三大核心能力，企业可以在项目造价管理的投资决策、规划设计、招标投标、施工、变更管理、结算各个阶段全面升级，实现基于 BIM 的解决方案，提升现有造价管理技术能力，并实现管理方式的根本转变。鲁班软件依据此理念提出了全新的 BIM 造价全过程管理解决方案（图 3-34）。

基于 BIM 的造价全过程管理解决方案关键技术

（1）建模算量平台

建立数据细度达到构件级的工程 BIM 模型，是解决方案的关键基础。BIM 软件实现自动化精确的工程量计算分析，形成结构化的数据库，为全过程的快速、精细化造价管理提供了强大支撑。

（2）造价分析软件

基于 BIM 的造价分析软件能够将算量平台建成的 BIM 模型完整的接收，利用 BIM 模型数据库实现造价的快速精细统计分析，让造价数据粒度也能达到构

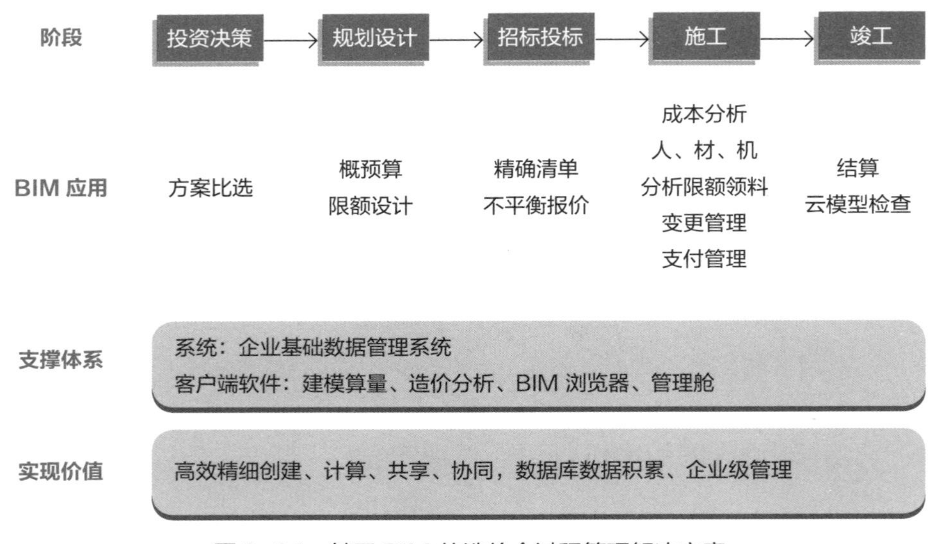

图 3-34　基于 BIM 的造价全过程管理解决方案

未来最大的能源是数据。
——马云 阿里巴巴董事局主席（2015 年 5 月 28 日）

件级。这根本上颠覆了传统的造价分析方法，使得造价分析能力有质的提升，实现框图出价，造价反查到图形。这些能力在过程管理中十分需要。

（3）企业级基础数据系统（Luban PDS）

企业级多工程基础数据库将项目群或企业级的所有工程 BIM 模型形成一个数据仓库，实现项目群多工程和企业级统计分析，并实现企业与项目部的信息对称，提升企业管控水平和集约化运营能力，成为企业级信息化管理的关键基础数据库和管理平台之一。

（4）BIM 浏览器（Luban BE）、管理驾驶舱（Luban MC）

通过与 PDS 数据库相联，BE 实现单工程的快速模型查看、数据调用与分析、资料管理等，实现数据共享和项目协同。MC 可以进行企业级多项目的集成式管理，实现企业级复杂统计分析，以及单工程多阶段成本对比等分析。

基于 BIM 的造价全过程管理解决方案在各阶段实现方法

（1）投资决策阶段

更为快速准确的投资估算与方案比选。当前行业造价估算因为无法将造价指标数据根据工程项目类型和工程特征值建立有海量数据的结构化数据库，估算的精度较差，预算超概算很多、决算超预算很多的情况难以控制。

基于 BIM 的造价管理，几乎所有的工程通过建立 BIM 模型，在项目前期、建造过程中，产生的经济、技术、物料等大量信息均存在于 BIM 模型中，可自动分析形成单个工程的详细造价指标，通过形成企业级和行业级的 BIM 数据库，再自动归纳形成指标数据库。这样就有了以下技术优势：一是积累的效率高，可

图 3-35　基于 BIM 数据库的方案选择

形成大数据库；二是数据指标库是一个结构化数据库，与工程特征值紧密关联，并可实现指标数据与工程特征值的自动对应和筛选，分析就可更为精准。

如图 3-35 所示，基于 BIM 数据库的方案选择实现随时调用、组合，为后续开发项目提供决策的信息支撑，查询、利用数据更加便捷，使项目估算在真正意义上发挥指导后期成本控制的作用。

另外针对特殊工程（如上海世博会中国馆），利用初步设计方案，通过 BIM 建模，进行较精准的工程量、造价估算。将获得更快、更精准的估算效率。

（2）规划设计阶段

设计阶段对项目造价起到了决定性的作用，越来越多的业主要求进行定额设计。设计院当前还缺乏这样的能力。一是因为当前二维设计为主的生产方式无法有效积累设计与造价的关联数据库，历史数据可利用性很差，还依靠经验解决，结果往往误差很大。在基于 BIM 造价指标数据库的支撑下，更容易实现设计阶段的精确预算和造价控制（定额设计）。

利用 BIM 快速计算工程量分析预算，通过工程特征值利用 BIM 造价指标库调取大量精准对应的历史工程造价指标进行对比控制，非常有利于设计阶段的造价控制。

设计完成后，利用 BIM 模型快速出概算，并且核对设计指标是否满足要求，控制投资总额。发挥限额设计的价值。

（3）招标投标阶段

快速准确编制清单、编制投标造价。随着现代建筑造型越来越复杂，人工算量的难度越来越大，快速、准确地形成工程量清单成为传统造价模式的难点问题。

根据设计单位提供的包含丰富数据信息的 BIM 模型，建设单位或者招标代理机构便可以在短时间内调出工程量信息（图 3-36），结合项目具体特征编制准确的工程量清单，有效地避免漏项和计算错误等情况的发生，为顺利进行招标工作创造有利条件。将工程量清单直接载入 BIM 模型，建设单位在发售招标文件时，就可将含有工程量清单信息的 BIM 模型一并发放到拟投标单位，保证了设计信息的完备性和连续性。由于 BIM 模型中的建筑构件具有关联性，其工程量信息与构件空间位置是一一对应的，投标单位可以根据招标文件相关条款的规定，按照空间位置快速核准招标文件中的工程量清单，为正确制定投标策略赢得时间。

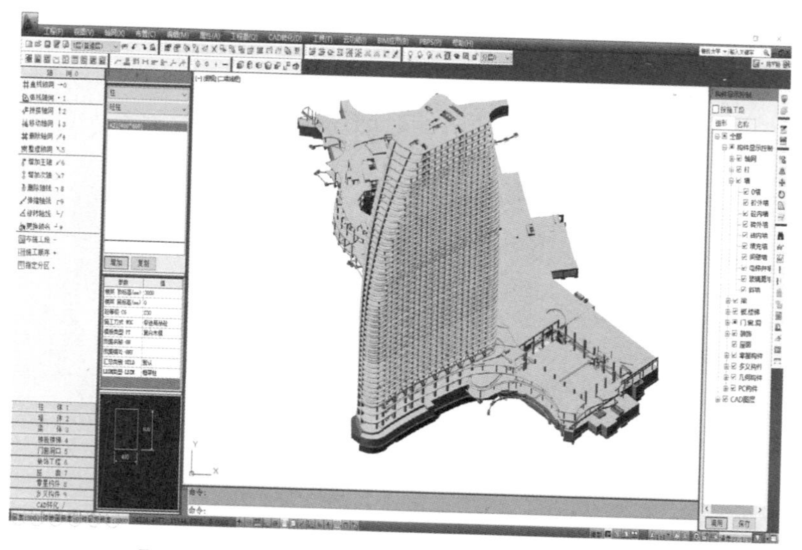

图 3-36　利用 BIM 模型，快速实现工程量统计

不平衡报价。招标投标是一个博弈过程，承包商可以利用 BIM 技术，对业主方清单的准确性进行分析后运用不平衡报价来提升结算价，精明的承包商可获得可观的最高可达 10% 以上的结算利润，这要依赖于熟练掌握 BIM 技术，实现快速的建模算量，否则当前极短报价的投标报价时间是难以完成的。事实上，现在的建筑企业由于 BIM 技术应用还不够深入普及，这些机会未能利用。

从这个角度看，造价咨询顾问单位要尽到责任，必须有能力为业主提供精确的招标清单，否则将造成雇主的巨大损失。

（4）施工阶段

动态成本分析。将最前沿的 BIM 技术应用到建筑行业的成本管理当中是行业一大趋势。只要将包含成本信息、进度信息的 BIM 模型上传到系统服务器，系统就会自动对模型进行解析，同时将海量的成本数据进行分类和整理，形成一个多维度的，多层次的，包含多维图形的成本数据库（图 3-37）。

材料计划。将施工 BIM 模型导入鲁班造价后，可以分析出所需要的人工、

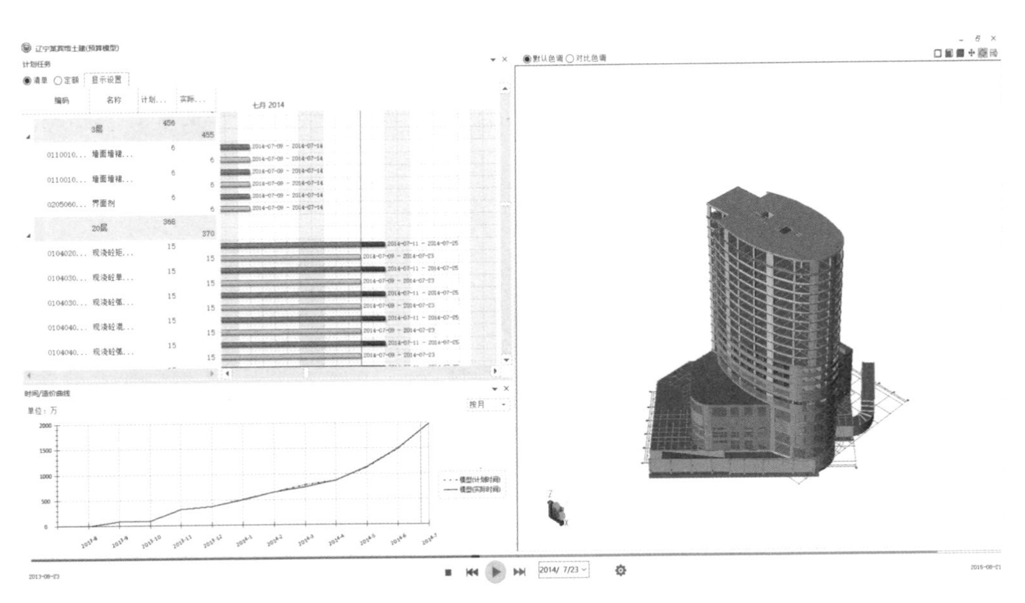

图 3-37　利用 BIM 模型，实现形象进度、动态成本监控

材料、机械计划量。这些计划量根据施工经验去掉一定折扣后，可以作为材料用量计划和采购申请的依据。

通过互联网技术，可将 BIM 模型进行共享。项目参与方可以查询资源计划，人、材、机数据等（图 3-38），从而对项目的各类动态数据了如指掌。

多算对比。施工过程中通过短周期的多算对比，可以及时掌握项目动态进展，快速发现并解决问题。

目前项目上普遍应用的是前期计划量和施工过程中实际量的对比。可以按照施工区域进行对比，也可以按照施工进度进行对比。如果需要按照时间对比，需在前期预算 BIM 模型和施工过程中的施工 BIM 模型中增加时间维度。前者按照计划时间设定，后者按照实际时间调整。这样就可以在某一个阶段了解到预计完成工作量与实际完成工作量的分析，快速知道项目的进展情况（图 3-39）。

限额领料。限额领料制度一直很健全，但用于实际却难以实现，问题就在于无法及时获知领料数据。BIM 的出现，为限额领料提供了技术、数据支撑，仓管人员可在 BIM 系统中快速检索相应施工区域的材料用量（图 3-40）。

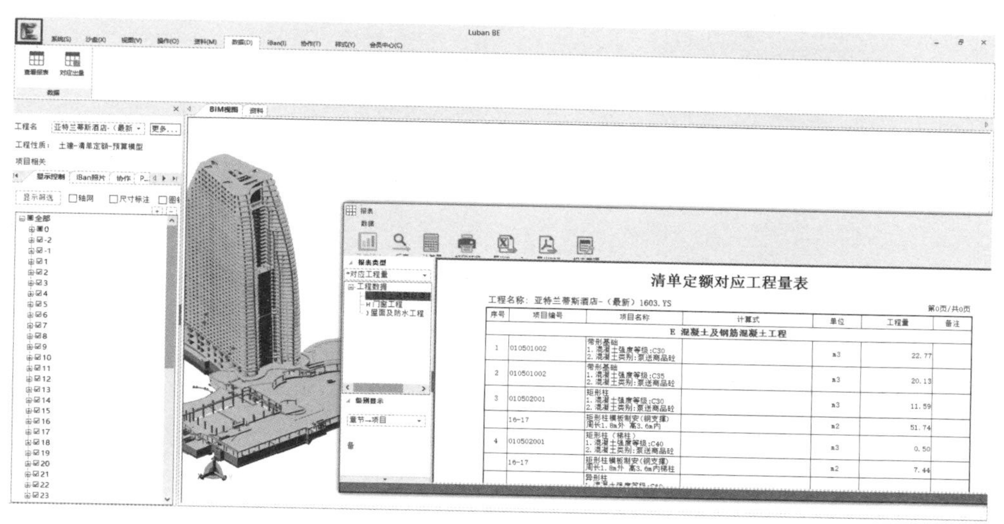

图 3-38　材料计划基于 BIM 统计

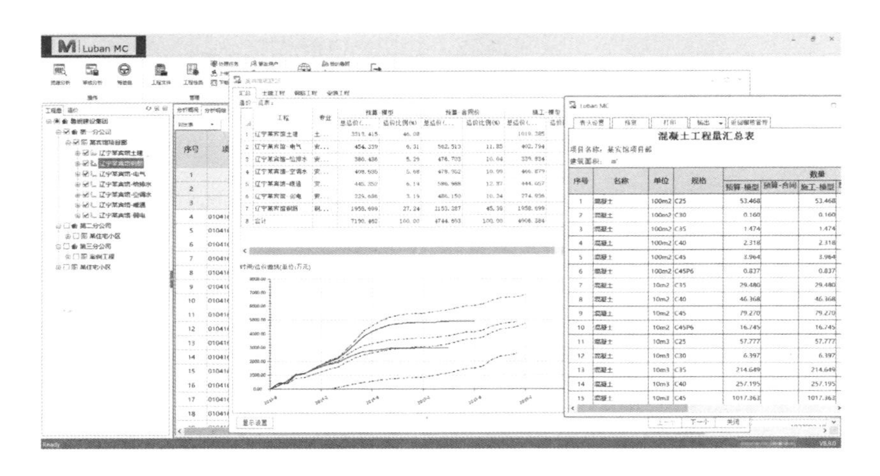

图 3-39　计划用量与实际用量对比

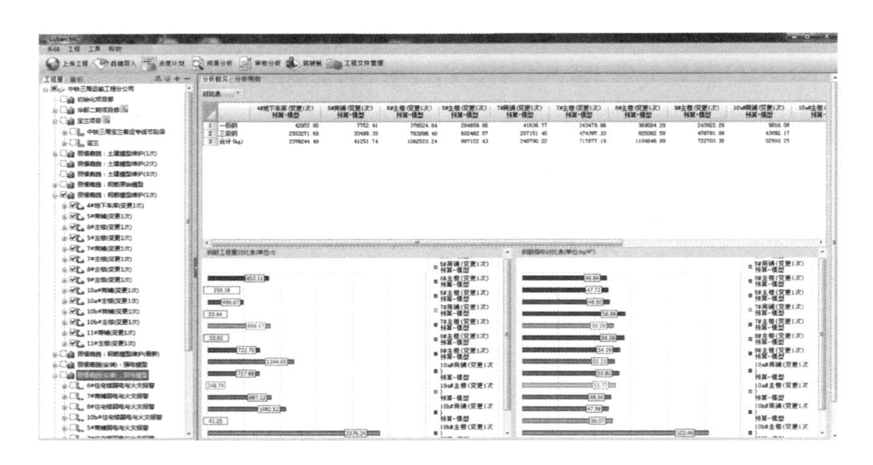

图 3-40　BIM 系统快速检索材料用量

快速实现设计变更。当今工程项目的复杂程度越来越大，难度越来越高，因此在工程的全寿命周期中会有越来越多的变更，对整个工程的风险控制、进度控制带来很多未知和隐患。目前，所有的工程项目都可能发生变更甚至是频繁的变更，更改的时间和因素可能是无法掌控的，变更的繁琐，一是增加了时间成本，二是增加了投资成本。

BIM 在设计变更管理中最大的价值，不是梳理清楚变更的流程，而是最大限度的减少设计变更，从源头减少变更带来的工期和成本的增加。

快速实现进度款支付管理。传统模式下，建筑信息都是基于 2D-CAD 图纸建立的，工程基础数据掌握在分散的预算员手中，很难形成数据对接，导致工程造价快速拆分难以实现，工程进度款的申请和支付结算工作也较为烦琐。

BIM 技术的推广与应用为我们带来了方便，尤其在进度款结算方面。鲁班 BIM 平台实现了框图出量、框图出价，更加形象、快速地完成工程量拆分和重新汇总，并形成进度造价文件，为工程进度款结算工作提供技术支持。

具有构件级颗粒度的 BIM 模型，可以将各类数据以 BIM 的构件为载体进行存储、分析应用。根据工程进度的需求，选择相对应的 BIM 模型进行框图数据调取，被选中的构件进行数据的分类汇总统计形成“框图出量”（图 3-41）。同时，当前的合约模式大多采用固定总价或固定单价合同，这两种模式有一个共性，即过程中的综合单价数据不进行调整，动态的产值变化是由不同阶段的工程量变化所造成的。因此，在 BIM 的基础上加入综合单价的工程造价分析元素就可以对进度款项进行确认，实现“框图出价”（图 3-42）。

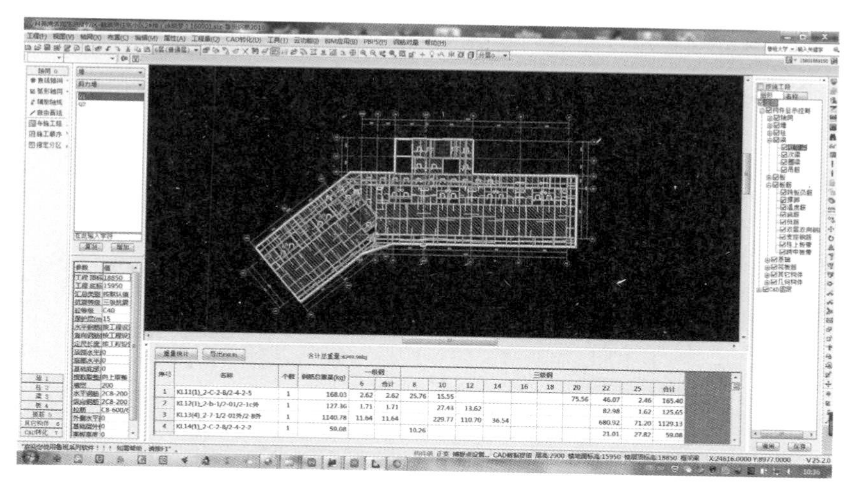

图 3-41　BIM 框图出量

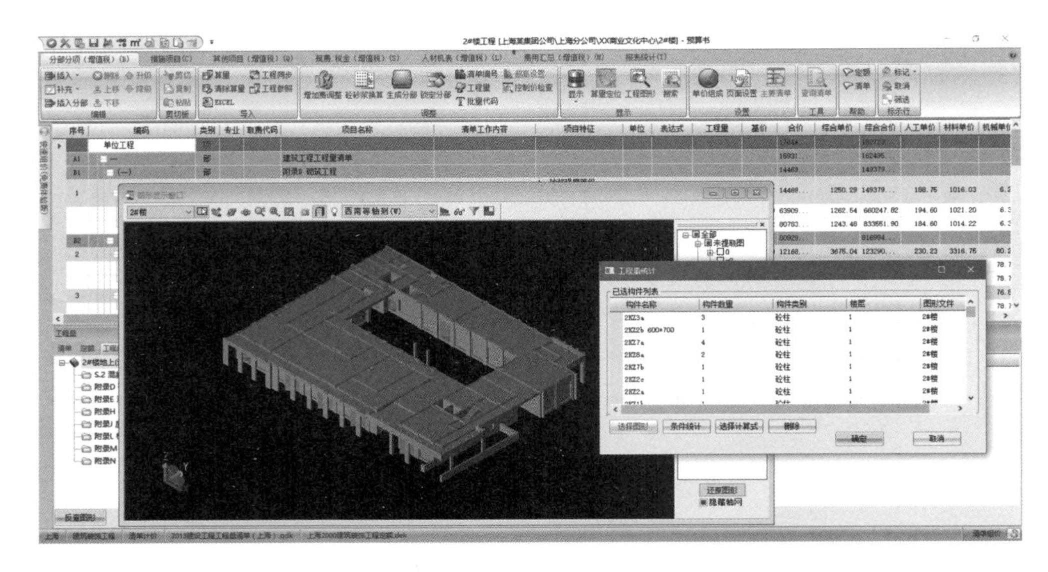

图 3-42　BIM 框图出价

（5）竣工结算阶段

快速结算与结算审计。造价审核的核心是算量、套价，其中正确、快速的计算工程量是这一核心任务的首要工作，工程量计算是编制工程预算的基础工作，具有工作量较大、繁琐、费时、细致等特点，约占编制整份工程预算工作量的 50% ~ 70%，而且其精确度和快慢程度将直接影响预算的质量与速度。但传统的算量工作主要依靠手工或电子表格辅助，效率低、废时多、数据修改不便。（图 3-43），根据 BIM 构件拆分，实现工程量的快速统计。

因此改进工程量计算方法，对于提高概预算质量，加速概预算速度，减轻概预算人员的工作量，增强审核、审定透明度都具有十分重要的意义。BIM 可以对工程量进行计算，利用构件的几何尺寸、自由属性特点和空间关系的扣减规则进行结算工程量计算。以鲁班软件为代表的厂商已经在这方面做了十多年的工作和努力，电算已经基本在各省份和主要城市得到了普及。

云模型检查。一个简单的工程也具有海量数据，构造复杂，传统手工计算模式误差相当之大。通过建模算量虽然可以减少人为计算错误，但要得到完全正确的结果，仍须精确建模，这对业务人员经验是一个相当大的考验。鲁班云模型检查（图 3-44）在云端建立大规模的专家知识库和常见算量模型错误病例库（相

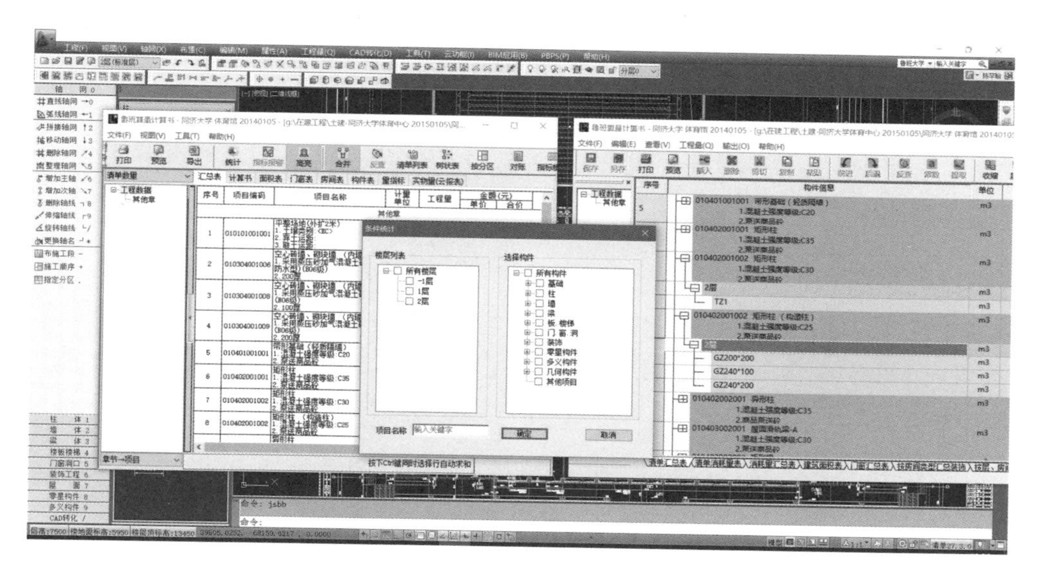

图 3-43　根据 BIM 构件拆分汇总数据

图 3-44　云模型检查

当于杀毒软件的病毒库），通过云计算智能算法，检查模型中的问题和错误，包括模型错漏、套定额错误、属性设置合理性、混凝土等级合理性等错误检查，提供错误报表，可反查图形，并具有批量修复功能，帮助造价人员大幅提升模型准确性，从而整体提升造价人员工作质量。

基于 BIM 的造价管理实践应用

鲁班 BIM 解决方案在数百个项目进行了成功应用，包括各大城市地标性建筑，如上海的上海中心、金虹桥国际中心等，苏州的传媒广场，杭州的奥体中心，成都的绿地中心等，取得丰硕的成果，常州九洲城市花园更是取得了 2012 年住房城乡建设部信息化示范项目。实施项目部分应用亮点介绍如下。

精细控制垂直运输。上海中心大厦，总高度 632 米，对于材料的垂直运输要求很高，材料数据的准确性，直接影响到工程的成本，运输过多，造成材料的浪费，运输过少，会直接增加二次运输费用，更会严重打乱垂直运输的调运计划。

鲁班 BIM 团队将完成模型后的工程量上传 MC 系统（图 3-45），各个条线的施工员、预算员、材料员、垂直运输班组可以任意调取服务器端工程数据，针对施工班组的要料计划进行审核。数据形成企业数据库，达到数据共享、监控的功能；同时与项目上的 PMS 形成数据共享，直接为其提供最基础的项目数据。

精确消耗量计算，精细过程管控、减少浪费。传统施工管理易出现的问题：一是根据班组计算得到的过程中计划工程量制定采购计划，责权颠倒；二是施工

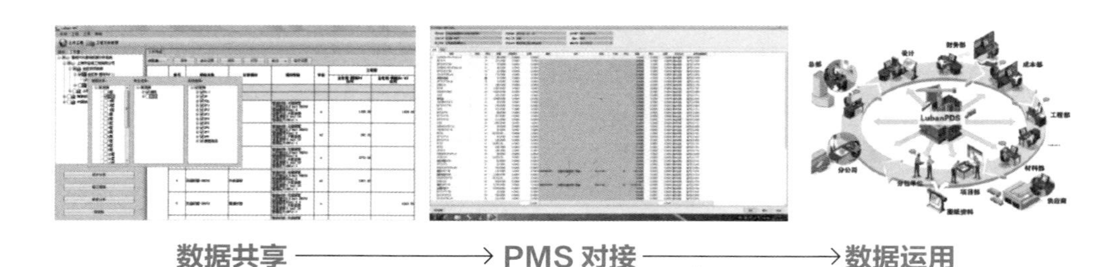

图 3-45　通过 MC 系统，鲁班 BIM 快速实现工程材料数据共享

过程中无法及时、准确获取拆分工程实物量，无法实现过程管控；三是施工中材料领取经验主义盛行。

基于 BIM 技术的 7D 关联数据库，可以实现快速、准确获得过程中工程基础数据拆分实物量；随时为采购计划的制定提供及时、准确的数据支撑；随时为限额领料提供及时、准确的数据支撑；为飞单等现场管理情况提供审核基础。

如在中建二局一公司的多个项目上，对项目部所需材料，尤其是以钢筋、模板、混凝土等主材由公司直接统一采购，集约化管理，这样对项目材料的控制需要精确的把控，是项目成本控制的关键。利用鲁班基础数据分析系统及鲁班 BIM 浏览器，项目以及公司各岗位人员，可以随时随地调取到工程所需任何数据，同时严格控制了主材的采购量，对班组也实行限额领料，既避免了材料的浪费，又能保证材料到场及时性，有利于公司对项目资金的调配及安排，减少资金积压和成本浪费。如图 3-46 展示了在安装算量软件中按楼层、系统的拆分统计工程量，图 3-47 显示了在 MC 中分楼层、分构件调取钢筋工程量。

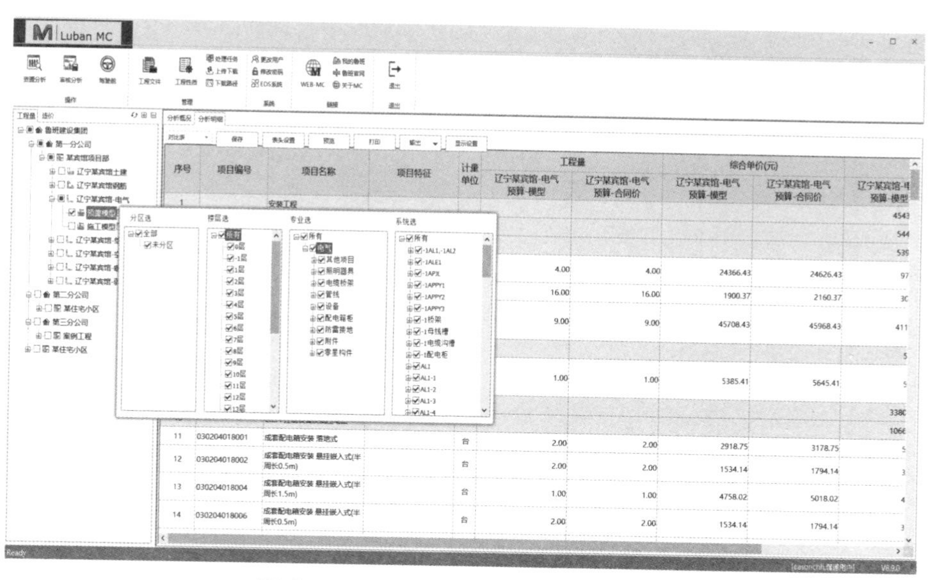

图 3-46　安装工程量分楼层、分系统

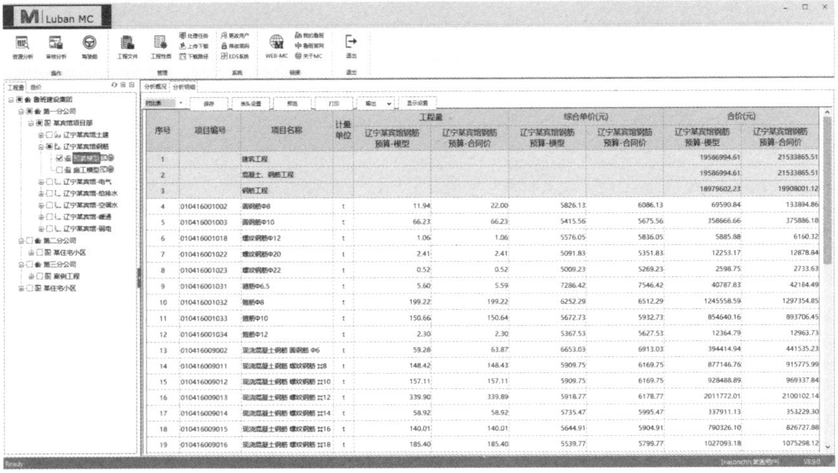

序号	项目编号	项目名称	计量单位	工程量		综合单价(元)		合价(元)	
				辽宁某宾馆钢筋预算-模型	辽宁某宾馆钢筋预算-合同价	辽宁某宾馆钢筋预算-模型	辽宁某宾馆钢筋预算-合同价	辽宁某宾馆钢筋预算-模型	辽宁某宾馆钢筋预算-合同价
1		建筑工程						19586994.61	21533865.51
2		混凝土、钢筋工程						19586994.61	21533865.51
3		钢筋工程						18979602.23	19908001.12
4	010416001002	圆钢筋Φ8	t	11.94	22.00	5826.13	6086.13	69590.84	133894.86
5	010416001003	圆钢筋Φ10	t	66.23	66.23	5415.56	5675.56	358666.66	375886.18
6	010416001018	螺纹钢筋Φ12	t	1.06	1.06	5576.05	5836.05	5885.88	6160.32
7	010416001022	螺纹钢筋Φ20	t	2.41	2.41	5091.83	5351.83	12253.17	12878.84
8	010416001023	螺纹钢筋Φ22	t	0.52	0.52	5009.23	5269.23	2598.75	2733.63
9	010416001031	箍筋Φ6.5	t	5.60	5.59	7286.42	7546.42	40787.83	42184.49
10	010416001032	箍筋Φ8	t	199.22	199.22	6252.29	6512.29	1245558.59	1297354.85
11	010416001033	箍筋Φ10	t	150.66	150.64	5672.73	5932.73	854640.16	893706.45
12	010416001034	箍筋Φ12	t	2.30	2.30	5367.53	5627.53	12364.79	12963.73
13	010416009002	现浇混凝土钢筋 圆钢筋 Φ6	t	59.28	63.87	6653.03	6913.03	394414.94	441535.23
14	010416009011	现浇混凝土钢筋 螺纹钢筋 ∷8	t	148.42	148.43	5909.75	6169.75	877146.76	915775.99
15	010416009012	现浇混凝土钢筋 螺纹钢筋 ∷10	t	157.11	157.11	5909.75	6169.75	928488.89	969337.84
16	010416009013	现浇混凝土钢筋 螺纹钢筋 ∷12	t	339.90	339.89	5918.77	6178.77	2011772.01	2100102.14
17	010416009014	现浇混凝土钢筋 螺纹钢筋 ∷14	t	58.92	58.92	5735.47	5995.47	337911.13	353229.30
18	010416009015	现浇混凝土钢筋 螺纹钢筋 ∷16	t	140.01	140.01	5644.91	5904.91	790326.10	826727.88
19	010416009016	现浇混凝土钢筋 螺纹钢筋 ∷18	t	185.40	185.40	5539.77	5799.77	1027093.18	1075298.12

图 3-47　MC 调取钢筋工程量（分楼层、分构件）

设计变更管理。在贵州军区医院项目上，鲁班 BIM 团队根据设计院出的图纸进行 BIM 预算模型建模过程中，发现了一些图纸问题，如图中标注不明确、钢筋配筋不合理、土建结构梁、柱与安装专业管线发生碰撞等问题，为图纸会审提供了依据，设计院及时地对图纸问题做出回复，进行设计变更，避免了在施工过程中发现问题，造成返工；同时，在设计院变更单（图 3-48）第一时间到达 BIM 建模小组后，建模人员能迅速地对模型进行调整，给现场的管理人员提供准确的模型，去指导现场施工及提供工程量数据（图 3-49）。

进度款项的确认。苏州中心项目上，根据 BIM 技术 7D 关联数据库、合同和图纸等相关要求设定相应参数，快速、准确获得进度工程量。利用 BIM 技术 7D 关联数据库与三维图形确定相关参数区域，框图出价。过程中实现过程三算对比，月度产值核算，月进度控制。

展望

即使 BIM 技术在国内工程造价中应用已达十余年，BIM 技术的发展仍处于

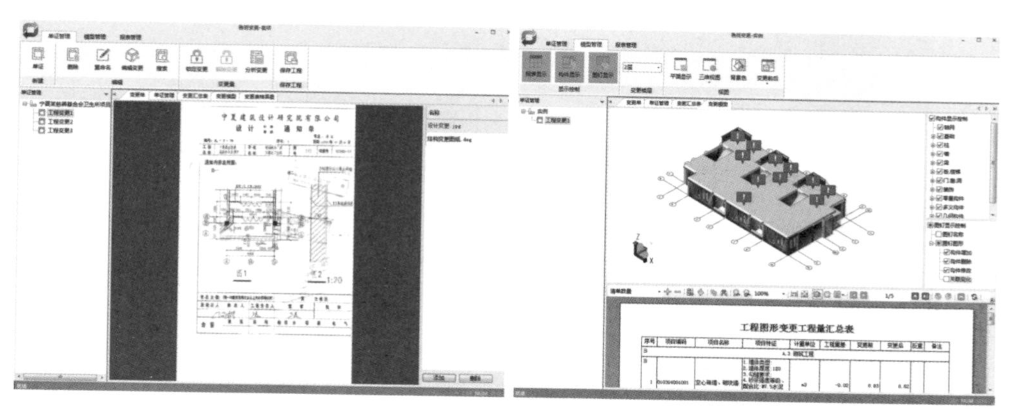

图 3-48　变更单

图 3-49　及时对模型进行设计变更

初级阶段，但 BIM 技术现有的能力已能帮我们实现巨大的价值。BIM 技术还将有非常大的发展空间，对造价行业的影响是全面性的、革命性的。

今后的工程造价信息化解决方案必然是基于 BIM、基于互联网数据库技术的系统解决方案。从单人单点的应用（预算）成为项目级甚至企业级的全过程管理应用（预算、变更管理、成本控制、生产计划等）。

企业级数据积累将变成可能。现在整个经济社会逐步进入大数据时代，谁拥有了数据，谁将获得明天。BIM 技术对建筑行业数据能力的影响是，既提供工程项目创建、管理和共享数据的高效能的系统平台，也为企业级的基础数据库建设奠定了基础，建筑企业的企业级数据库建设将有强大的系统工具。

BIM 技术的发展对行业最终的影响，现在还难以估量，但会成为建筑企业和项目管理必需的工具，更是造价管理行业竞争必须具有的能力。

搬开 BIM 的绊脚石

- BIM 技术引发行业真相探究
- BIM 投入：战略？应付？
- 施工企业 BIM 失败的 7 大原因
- PBPS 服务推动 BIM 技术应用
- 制约 BIM 技术产业发展的 7 大关键问题

BIM 技术引发行业真相探究

BIM 带来的透明化让施工企业忧虑不已，不敢尝试，但行业真相如何？

施工企业用 BIM 的最大顾虑在于：这个技术太厉害，分布管理非常好，但把工程搞得太清楚了，最好大家都不用。现在施工企业依靠不透明提高二次经营、高估冒算，利润还这样低，搞这么清楚，施工企业岂不是亏更大了？

但建筑行业的真相是什么？

真相是：

（1）最不透明的行业——建筑业，行业利润是最低的；

——这说明建筑业的不透明根本没给企业带来高利润，只是小部分人获得暴利。

（2）你一个人在前面“搞”业主，无数的人在后面“搞”你（太多的分包商、供应商和操作层、甚至是严重的内部放血）；

——拉进来的远远不够拉出去的！

（3）建筑企业要惊醒的是：

当业主搞明白的时候，你搞不明白怎么办？

当同行都能搞明白的时候，你搞不明白怎么办？

当下面的分包都能搞明白的时候，你搞不明白怎么办？

当竞争对手都能搞明白的时候，你搞不明白怎么办？

这几点才是建筑企业面对新技术要认真严肃考量的。

——结局只能是被淘汰！

鲁班咨询的研究表明，全行业透明后，其实企业利润率会提高。这是经济学上的一般规律，每个行业平均利润会趋于均衡。同为第二产业的工业行业利润率一般有 6% ~ 7%，建筑业远低于此数。

观点 PK 之：BIM 引发行业真相

杨宝明说

施工企业用 BIM 最大的顾虑在于：这个技术太厉害，好是好，但最好大家不用，因为把工程搞得太清楚了。现在浑水摸鱼、高估冒算利润还这样低，搞得太清楚是否施工企业亏损更大了？

何关培

投资没有用到应该用的地方是不透明的最大危害。

戴小姐的赵先生

所以在目前国内这种对抗式的项目模式下，要实现全行业 BIM 任重道远。

费哲 FM 顾问陈光

建筑行业的变革要开始了！

看_我一直在看

施工方的同学们要焦虑了。

王凤来

最大的受益者应该是国家项目的减负，最大的受害者应该是官员灰色收入的减负，最大的忧虑者是准备继续干一包、二包……，就是不准备干最后承建者的承包商。

工大赵雪锋

浑水中有浑水鱼，清水中有清水鱼，或许清水鱼更好吃，对健康更有益！况且人家发达国家吃得也很香呀！

新浪网友

行业的变革不可逆，谁走在前头，谁最先受益，很多施工企业要反观自身，是自己主动变，还是被环境逼着变。就个人目前了解的情况来看，政府和私企投资人，也就是我们熟知的甲方，对 BIM 有浓厚的兴趣和需求。相信，这次变革只是时间问题，该来的终会来到！

来源：新浪微博、新浪博客

随着 IT 技术，特别是互联网技术的发展，很多建筑企业家痛惜行业“透明化”将失去对甲方巨大的结算利润“灰色空间”。现在我们来分析，“透明化”给行业、给企业带来的更大的好处。

> 只有透明化的市场才能引导招标投标的公平、良性发展，促进投标企业的优胜劣汰。

招标投标将更公平

市场充分透明化后，人、机、材价格信息大家都能低成本快速获取。工程成本的人、机、材这一块将使大家在同一起跑线上，大家的竞争将只会在管理费这一块上，即完全凭实力竞争，恶性竞争将大幅减少。甲方在招标过程中很容易分辨出低于成本价的恶性竞争者。而目前存在严重的高估冒算、严重不透明的市场环境下，招标人因为自己也不太清楚真实的成本价应该是多少，所以更多的倾向选择绝对最低价。试问哪个“理性”的招标人愿意选择低于成本价的恶性竞争者呢？这就是行业不透明对招标人和实力强的投标企业的害处，只有透明化的市场才能引导招标投标的公平、良性发展，促进投标企业的优胜劣汰。

降低内部管控难度和成本

当市场透明化时，内部管控简单易行，内控成本将大为降低。

当前各建筑企业在内部流程控制上设置严格体系，增设很多审核程序，而不是充分授权，既增加内部团队合作的不信任感，也增加大量管理成本。由于市场不透明，管理层要获得信息，成本高昂，很多审核程序形同虚设。如某家建筑企业的分包工程量结算，经过 8 道程序审核签字，付完款后才发现，工程量被多结了一倍。材价上这种情况也比比皆是，市场（量、价）透明化后，诚然建筑企业从甲方高估冒算难了，但更多的人、分包商、供应商无法从你这儿高估冒算了，管理反而变轻松了。

对分包、供应商管理将更加容易

一个大型工程，分包商、供应商众多，由于市场不透明，项目部要花大量资源去甄别分包商、供应商的报价信息、产品品质信息，消耗了项目部大量管理资源，显然，市场透明化后这方面的管理工作将变得容易。

质量控制压力降低

市场透明化后，劣质施工队伍、劣质供应商、劣质建材产品就很难混迹于市场，对保障工程质量有非常大的作用。当前很多工程质量事故就是因劣质产品而非工程质量造成的。

综上所述，对施工企业而言市场透明化利远远大于弊。透明化有助于施工企业提高运营效率，内部管控、供应商管理更加轻松，建筑企业能将更多的管理资源专注于工程本身，从而更有利于提高工程质量，降低营运成本。从以上分析还可以发现，透明化对大型建筑企业是有利的，市场不透明对个体包工头好处相对更多些。透明化市场更有利于行业向规模经济发展，改变当前建筑业规模不经济的非正常状态。因此，市场透明化后，企业利润和行业平均利润都会大幅提升，促进建筑行业的健康良性发展。

每一种新技术的使用有利有弊，需要综合评估，更要有竞争思维和可持续发展思维，不能只顾当前利益，对生死这个前提不预考量。

BIM 投入：战略？应付？

BIM 的重视度越来越高，但真正要投入时，应该站在战略层面来思考？还是先应付单个试点项目呢？

自 2014 年以来，越来越多的建筑企业对 BIM 技术重视程度大幅提升，加大了 BIM 技术的学习投入和应用力度。2014 年春节后，笔者的日程排满了为各大集团和各地协会开展的 BIM 专题讲座，几乎没有空当。企业对 BIM 重视度的提升不外乎以下几个原因：

（1）业主倒逼：越来越多的业主方提出了 BIM 应用的要求，必须要应对；

（2）竞争倒逼：有的同行在竞标中应用了 BIM 技术，能提升中标竞争力；

（3）管理倒逼：内部项目管理和企业管控的需求；

（4）政策倒逼：住房和城乡建设部和各地主管部门对 BIM 应用的要求不断提高，企业需要及早准备。

但很多企业离真正进入 BIM 大门还有一段距离，大都是因以上四种倒逼而被动响应 BIM 技术。因此，对 BIM 试点项目的第一次投入就很纠结，觉得差不多 15 元 / 平方米的全过程顾问服务的投入很难承受，下决心启动 BIM 应用要犹豫较长时间，这也是正常的：

（1）担心投入产出的风险，毕竟有不少大企业应用 BIM 投资回报低的教训；

（2）BIM 技术顾问服务平方米单价对单个项目来讲，占一个项目利润比例较高，心理难以承受；

（3）对 BIM 技术的响应毕竟是被动式的，还未认可 BIM 是行业革命性技术，未从企业战略高度来拥抱 BIM。

但这种心态在当前的市场形势下已是不合适的。建筑企业加快应用 BIM 技术，是战略，而不是应付。一个项目的投入金额不应成为主要障碍。

观点 PK 之：BIM 的推动力在哪？

影响思维

某次 BIM 会议上，同济大学王广斌教授对采用 BIM 增加成本而犹豫的企业说，你们应该感到脸红和汗颜，现在的 BIM 居然由软件厂商推动发展，而不是自身的竞争需求使然，你们不到被迫，就从未想过进步！大家同意否？

ninny 的微博

业主追逐的是眼前的利益，尤其是政府投资的项目，他们往往关注的直接投入是多少，不在意效益。

twelve-monkey

有些企业初期进来冲到了浪尖得到了实惠但也付出了巨大的成本，有些企业晚些进来的站在巨人的肩头优化了技术和流程，两者都是赢家。中国建筑市场这么大，中小城市的 BIM 未到迫不得已的时候。

杨宝明说

王广斌教授的观点，我同意。中国建筑企业现在靠倒逼，市场倒逼和政府倒逼，管理创新和行业进步的责任都太弱了。合适的 BIM 会大大降低成本，不可能增加成本，特别是业主。鲁班 BIM 的客户全是施工企业，都是自己掏钱 BIM，如果增加成本，施工企业不可能这样做！

郭红领

新技术、新思想的推广需要大家共同努力，也需要一个过程。企业特别是建筑企业，全面推 BIM 还是有困难的，成本和效益是关键。

robe_club 李艺

很同意，这是建筑行业产业信息化的进步和发展，是不可阻挡的。

来源：新浪微博、新浪博客

（1）BIM 价值很大，在试点项目上实现多倍回报没问题

只要方案选择正确，实施方法对路，投入产出可以很高，甚至可达到 10 倍以上的投资回报。

这些年很多大型建筑企业在 BIM 技术上投资失败，主要原因是，选择方案错误，拿着设计的 BIM 软件在做施工应用，自然失败，产出很低。

鲁班 BIM 解决方案，甚至一个月即可得到全部回收投入的量化的成果。

建筑企业加快应用 BIM 技术，是战略，不是应付。

（2）这是全公司引入 BIM 技术的投入，不是一个项目的投入

试点项目过程中，在顾问的指导下，公司的 BIM 团队逐渐成长，可以脱离顾问自己干了。以后各个项目投入就少了，可以考虑是一次性的投入。

因此，BIM 成本的分摊应按全公司的在建面积，而不是一个项目。成本的计算方式要从战略上考虑。

（3）BIM 上建筑企业的战略性投入，必要的投入是必需的

战略性投入就是必需的，否则就会给企业竞争力带来大的伤害。

因此，建筑企业真正的纠结在于对后一阶段建筑业竞争态势洞察不够，战略意识不够，而不在于一个项目的一点点投入。

发达国家的建筑业信息化投入可达到年产值的 3% ~ 5%，我们与之差距大概有 20 ~ 30 倍。

施工企业 BIM 失败的 7 大原因

近些年，施工企业的 BIM 应用积极性很高，但真正成功落地创造价值的并不多，究其原因，主要是在应用中存在 7 大问题。

近些年，施工企业的 BIM 应用积极性很高，一方面是政府相关政策的促进，另一方面是企业对于 BIM 革命性价值的认可。从应用广度来看，目前绝大部分央企、大量地方性国企、一些大型民营企业以及少部分有战略眼光的中型民营企业都在进行 BIM 应用，基本上还处于项目试点阶段，试点的数量有多有少，与在建的项目数量相比，还只是个小零头。从应用深度来看，主要集中在个别的应用点，应用点还较为分散，应用体系也还在摸索当中。

但不少施工企业在尝试后，也发出了“BIM 投入产出比不高”，“BIM 不适合施工企业现状”等负面评价。经笔者研究发现，施工企业在 BIM 应用中存在 7 大问题（图 4-1），才出现失败，造成了误解。

图 4-1　施工企业 BIM 失败的 7 大原因

观点 PK 之：BIM 应用需要企业家的觉醒

杨宝明说

施工企业现在主流的管理模式是承包制。以包代管后果是，企业总部对数据的需求已麻木：一是承包了不用管太细，二是太难了难以搞清。这种状况导致施工企业领导对 BIM 技术不太敏感。BIM 技术的兴起将对项目精细化、企业集约化管理提供强大的支撑，如何用好、发挥革命性的作用依靠企业家的觉醒。

李天岭－向往绿色生活

说得很贴切，但在旧模式的惯性作用下，上述情形的改变目前看来很艰难。因为要改变整个项目系统内所有人都在一直奉行的工作习惯。

杨宝明说

承包制其实不是管理学范畴，是中国特产，但掩盖了中国建筑业很多管理问题。

随缘素位沈华

严重同意！

XX_VV

企业家只有火烧眉毛了才会觉醒，还是引导帮助他们如何在直营项目中获利吧。

悟空在云端

工程公司的基层信息化不透明导致业主对信息数据的准确性提出质疑。要彻底改变行业的隐形收入仍需要上下一致的努力。

杨宝明说

BIM 技术的兴起将对项目精细化、企业集约化管理提供强大的支撑，如何用好、发挥革命性的作用依靠企业家的觉醒，营改增将倒逼建筑企业快速进入状态。

来源：新浪微博

（1）公司领导未将 BIM 列为企业战略

一些企业应用 BIM 只是被动完成业主方的招标要求，未意识到这是行业革命的发端。被动应用 BIM，不可能获得好的回报。部分有私心的管理层甚至惧怕透明化给自己的权力带来威胁。当这两类领导在管理层中占据大多数时，一旦出现 BIM 技术的小小阻力，就很难克服。

（2）BIM 解决方案选择错误

在施工阶段利用设计 BIM 软件系统来做应用，除了三维效果和初步的碰撞检查，没有太多施工阶段的实际应用。解决方案一旦选择错误，投资回报率必然很低。很多企业表现为，工程已经完工，但 BIM 模型还未建好，主要是选择的 BIM 方案的本地化专业化达不到实用要求，无法适应目前三边工程等很多国情下的实际情况。

（3）BIM 顾问团队选择错误

术业有专攻，设计背景的 BIM 顾问团队对施工阶段的管理和技术问题不够专业，不能利用 BIM 技术针对性的解决问题，整个建造过程中协同能力也不足。

（4）中层阻力未能解决好

BIM 技术引入初期，领导对项目基层管理人员依赖性减少，基层人员重要性有所弱化，权力和利益也有较大的调整，领导可以不再过度依赖他们，非常自然

观点 PK 之：中层阻力

杨宝明说	BIM 实施，对于企业来讲，最大的阻力来自领导，不知道好处，现在的成本管理问题瓶颈在哪里不知道。对于项目来讲，最大的阻力来自中层，内部透明化后，很多人的利益受到影响。
小可失忆	杨总道破了玄机啊。
DonWei	大家都心知肚明，你觉得呢？
胡祖	这不是 BIM 问题，是中国贪腐问题。
BIM 吉清	中间执行层为了维护自己的利益而抵制，上面管理层由于缺乏对 BIM 信息化的理解，缺乏灵活的手段来推动。表面上的道理似乎看看 PPT，听听相关专家的介绍就能懂，但是干起事情来由于缺乏自身深刻的领悟所以碰到难题，想不出灵活的手段，导致不敢下大决心推动。所以像《新鲁班》这样的杂志其意义和价值巨大。
知不知尚矣 - 不知知病也	说得太对了，熟悉施工企业的人都明白是为什么，除了技术层面的能力问题，更多的是人性因素。

来源：新浪微博

地产生较严重的中层阻力。若高层不能从动力和压力两方面疏导中层阻力，BIM 实施将中途夭折。

（5）未找到好的实施方式

认为 BIM 技术应用就是买软件用软件，未意识到这会对管理产生全面影响，是一个庞大的体系。企业自行摸索用软件，未能通过成熟的施工阶段 BIM 顾问快速产生应用价值，投入过大，而获取价值很慢，导致负面评价而夭折。

施工企业 BIM 技术应用，除了软件操作，更重要的是整合应用知识体系的学习转移，很难通过学习软件操作直接获取，通过典型项目的实施互动是应用好 BIM 的重要途径。

（6）将引入 BIM 技术作为成本，投入不足

领导层对 BIM 从未做深入了解，只是应付业主和招标要求。一开始就将 BIM 技术作为成本投资，而非提升竞争力和效益的投资，投入不足，导致 BIM 技术方案选型落后，好的应用顾问不能聘请，无法获得正确的实施经验，导致失败。

（7）期望过高

认为 BIM 应该能做一切，不能做，就不值得用。这种观点看似很不合情理，但却是反对者常用的借口，意识不清的领导容易被这一点左右。正确应用 BIM 技术的概念应是，BIM 技术我能用上多少点，能产生多少收益，只要收益超过投入，就值得去用了。

PBPS 服务推动 BIM 技术应用

BIM 技术应用遭遇人才困境，看 PBPS 服务如何为 BIM 技术应用带来巨变?

项目管理困境

一直以来，工程项目管理因缺少及时准确获取基础数据的能力，项目管理困难重重，进度、成本甚至质量安全的失控也是司空见惯。

这是由建筑业和工程项目管理的行业本质所决定的（表 4-1）。与制造业不同，建筑业的产品不标准，生产流程不统一。同时单个建筑产品的数据复杂且海量，要比制造业中一个产品的数据量高几个量级。传统的人工预算作业方法难以跟上项目进度，管理各条线所需要的数据难以及时提供，导致管理粗放、效率低下甚至失控。

就单个工程项目而言，实物量数据是由数十万个构件汇总而来，构件是整个建筑物的 DNA，构件的细度比想象当中还要小。比如，一个门构件还包含了大量子构件（计算项目），一个梁、柱构件也是如此，粉刷层、贴面就是不同的构件，因此工程实物量计算和统计分析面对的是人工难以胜任的海量数据。

建筑业与制造业生产方式差别　　表 4-1

	建筑业	制造业
产品	单一	标准化
复杂度	超高	低
设计	2D	可视化
样机	无	有
车间	流动	固定
团队	临时，多	固定，少
工艺	变化	流水线
方式	现场	模块化

41 亿　中国铁建发布公告称沙特麦加轻轨项目，出现实际工程数量比预计工程量大幅增加等原因，预计亏损41 亿元。

现实工程管理中，很多项目直到工程结束，完整的预算数据还没出来。即使已经手工计算出预算书的项目，获取项目过程中阶段性所需要的数据依然困难重重，大量数据统计、分析、组合、拆分，对应的工作量不是人工所能胜任的。因此，当前项目管理的普遍现状是以靠经验拍脑袋决策为主，这种状况给项目管理带来的问题是十分严重的：

一是损失项目收入。往往由于计算不准确，漏项少算、实体计算多扣减，一份预算书的少算误差率在 3% ~ 5% 很正常。同时，由于没有能力在投标时精确快速核量，往往因报价策略不合理而导致结算亏损。中铁建沙特轻轨项目巨亏 41 亿元，重要原因之一就是整个项目工程量估算严重错误。

二是项目利润大漏洞不能被及时发现。如现在大型建筑企业，甚至是承包制项目上，因内鬼与供应商内外勾结，或因收料人员工作责任心不强被供应商飞单的情况还大量存在。很多情况往往到与业主结算时才发现材料用量亏损很多，原因不是浪费而是飞单造成的。且根本原因在于没有能力实现短周期（如按月、按层）的多算对比，即没有能力建立起企业的红绿灯系统，导致过程问题难以发现。

限额领料流程大家都很重视，都认为是管理材料损耗的必需流程，但能将这一流程真正执行起来的项目很是少见。很多企业虽有制度，在项目上却是事后补单，导致一纸空文。其原因也是项目预算数据提供能力不够，项目经理尚且很难得到预算人员及时的数据支持，作为最基层项目人员的仓库发料员，其境遇可想而知了。

精确及时的人、材、机计划是确保实现精细化管理，保证项目利润的起码条件，实际项目中往往是项目经理因得不到准确的数据，资源计划毛估，引起各种资源与项目进度不能精细化对接，有的早到、有的迟到、有的多进、有的少进，都会引起成本增加，利润损失。

图纸中技术问题也是大型项目常见的浪费大洞，由于未能在实施前查出各专业矛盾，拆了重装，造成人、材、机损失和工程进度损失都很常见，很多项目因此而产生的资金浪费数额巨大。大型工程专业众多、管线复杂，依赖技术专家的能力不足以解决现代建筑如此错综复杂的管线碰撞问题。浦东国际机场二期就因此而产生上千万元的损失。

以上困境，重要原因之一是管理者无法及时准确地获取项目基础数据。

不仅如此，项目建造过程中，不断增加大量的工程信息、数据，如何创建、管理、共享这些数据又是另一大难题。这些过程数据是关联的，传统管理技术无法将他们关联起来，形成很多施工错误并降低效率。

解决之道：运用 BIM 技术平台

即使最近 20 年信息技术、管理理论有了飞速发展，几乎所有产业的生产力水平都快速提升，唯独建筑业，不仅在中国，在建筑业发达国家生产力提升同样乏力。这种状况与其他行业形成巨大反差，是由建筑业的行业特点决定的。由于行业一直缺乏一个支持工程项目海量复杂数据的创建、计算、管理、共享的技术平台，导致建筑业生产力十分低下，并一直无法得到根本性的改观。

现在历史的转折点已经到了。解决这一根本问题的 BIM 技术已日渐成熟，BIM 技术对突破工程项目管理、建筑企业管理和建筑企业信息化瓶颈起到了决定性的作用，推动建筑业进入生产力革命。

BIM 技术提供了一个我们一直非常渴望的可随时、快速、普遍查询到最新、最可靠、最完整的 7D 关联工程基础数据库。

有了这样的一个支撑平台，当前工程项目管理一直未能突破的难题，就能得到根本性的解决。在专业 BIM 技术员的支持下，从投标阶段即开始创建 BIM 模型，进行工程量计算分析支撑，并不断更新维护 BIM 模型和数据。从项目一开始并在建造的全过程中向项目管理各条线实时提供数据，从而彻底解决当前项目管理中的两大难题：海量复杂数据的创建、计算、管理、共享难题和各条线团队协作难题，为项目提供数据支撑、技术支撑和协同支撑。

BIM 技术在大型项目中全过程应用，可以从收入、成本两方面极大地提升项目利润，有极高的投资回报率（图 4-2）。

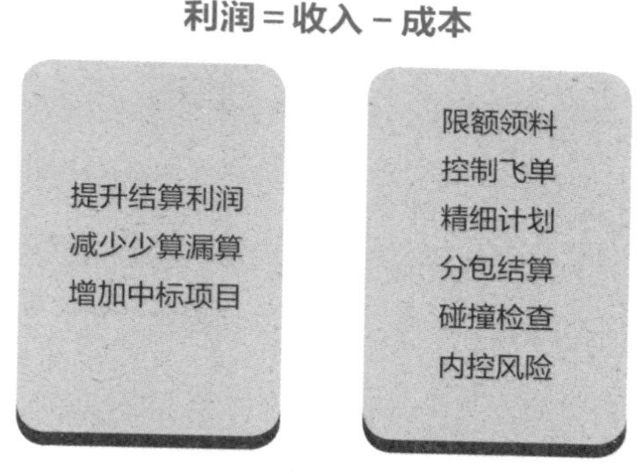

图 4-2 BIM 提升项目利润的渠道

有了这样的基础，企业级管理难题也将迎刃而解，总部准确掌握项目数据信息易如反掌，甚至能做到只要看到（知道）项目部的形象进度，就能瞬间分析出项目部完成的精确实物量，当前大型建筑企业最为困扰的——项目经理套取项目资金问题就能得到较好的控制。

遭遇 BIM 技术人才瓶颈

事情并不那么顺利，众多建筑企业高管和项目经理意识到 BIM 的关键价值，很想在项目上和企业中尝试运用。但从近期实践看，遇到一个较大的门槛，就是缺乏熟练的 BIM 技术人才（图 4-3）。鲁班咨询的调研数据中可以发现，45.2%

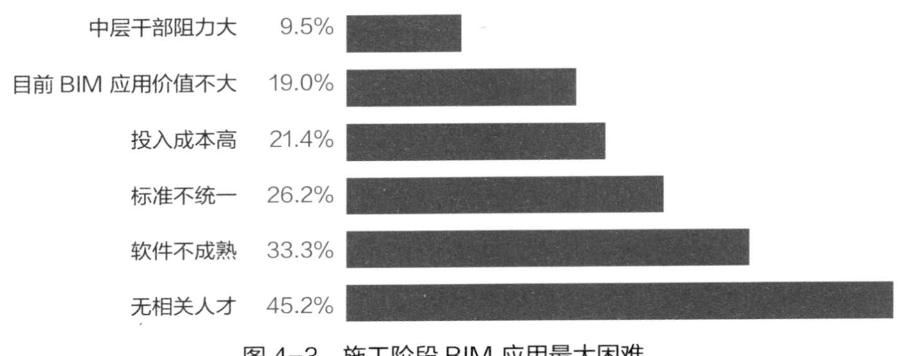

图 4-3 施工阶段 BIM 应用最大困难

的调研者认为目前施工阶段应用的最大困难是“无相关人才”，远远大于其他困难。

对比普通计价软件和 OA 软件，掌握 BIM 技术及相关软件要难很多。因为这是一款 3D 建模、3D 计算软件，比表格软件确实复杂些。虽然事实上只要认真学习并不难掌握，但脱产全力以赴学习一段时间的风气尚未形成，利用工作之余的时间来学习会花较长时间，有的自我摸索甚至大半年都未能精通，致使市场上精通 BIM 技术的人才远远满足不了市场的需求。

鲁班软件早已意识到 BIM 软件发展和用户应用的关键在于人才培养，随即成立了鲁班大学事业部，开设了“BIM 技术员特训班”，试图解决 BIM 技术人才瓶颈，但仍远跟不上市场快速增长的需求。

PBPS 服务推动 BIM 技术应用

在这样的背景下，鲁班软件率先提出的 PBPS（Project BIM whole Process consulting Services，项目全过程 BIM 服务）服务应运而生，通过第三方专业团队直接提供项目 BIM 技术应用和全过程数据服务，让苦于缺乏 BIM 技术人才又很想应用 BIM 技术创造价值的项目部和建筑企业能马上利用 BIM 技术创造价值。

随着项目和企业级管理 BIM 应用的急剧升温，在缺乏 BIM 人才行业背景下，BIM 全过程服务 PBPS 已迫在眉睫了。鲁班软件及时推出 PBPS 服务体系，已引起市场强烈反响，很多大型项目处于洽商之中，完成签约并开始实施的大型项目已有 400 多个。

PBPS 服务定位在建造阶段，利用设计阶段的图纸或者模型信息创建 BIM 模型，将模型上传到鲁班 BIM 系统中，通过各个客户端浏览模型、调用数据，为各条线、工作岗位的人提供数据和技术支持，实现 BIM 应用价值的落地。

PBPS 服务已经总结了上百个应用点，委托方根据需求选择需要实现的应用点即可，主要工作包括：

（1）BIM 技术项目实施方案策划；

（2）BIM 标准建设及应用培训；

（3）创建 BIM 建模；

（4）工程量计算；

（5）图纸设计问题梳理；

（6）碰撞检查及建筑物内部漫游；

（7）BIM 模型上传及维护；

（8）基于 BIM 的深化设计、管线综合；

（9）虚拟施工指导；

（10）资源计划、多算对比；

（11）基于 BIM 的质量、安全协同管理；

（12）建立基于 BIM 的工程档案资料库；

（13）……

PBPS 服务流程十分清晰（图 4-4），委托方将业主方、设计、顾问单位的图纸和变更资料转给 BIM 技术专业团队后，10 万平方米工程一周内可看到第一次完成的 BIM 模型和工程量清单，项目过程中服务团队实时维护更新 BIM 数据，委托方各条线管理人员第二天即可通过 BIM 浏览器随时随地看到最新数据。

鲁班 BIM 服务（PBPS）以“小前端、大后台”的方式为委托方提供服务。鲁班 BIM 顾问团队针对委托方的项目组建项目组，根据委托方的设计图纸信息创建 BIM 模型并实现相应 BIM 应用价值。

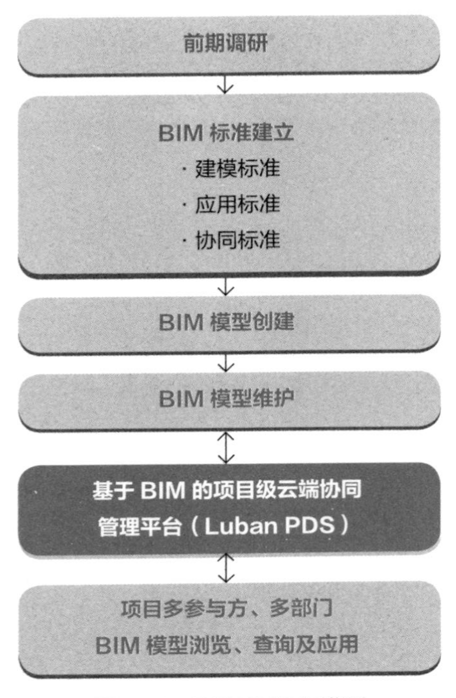

图 4-4　PBPS 服务模型

大后台：包括鲁班软件总部的技术大后台、研发大后台和知识库大后台，技术大后台主要负责前期的大量建模及审核工作，并上传至云平台，为项目 BIM 应用提供基础；研发大后台负责支持项目的一些功能、性能上的开发需求；知识库大后台集结行业大量人才、专家与知识，当项目现场遇到问题及时反馈总部，及时调取大后台知识库资源，解决前端项目问题。

小前端：是指鲁班软件派驻在项目现场的工程顾问，长期驻场在项目上，承担培训、模型维护、应用指导等工作，及时解决现场问题，及时将一线的问题或需求反馈至总部大后台（表 4-2）。

企业实施和推广 BIM 技术，第一阶段，由于不具备应用经验，BIM 团队人才储备不足，应选择合适的项目，引入鲁班 BIM 服务，在实施过程中鲁班 BIM 工程顾问帮助企业培训 BIM 团队；第二阶段，以企业自己团队人员实施为主，鲁

PBPS 项目实施成果清单一览表部分　　表 4-2

1. 土建建模成果报告	43. 机电净高分析报告
2. 钢筋建模成果报告	44. 重点区域平剖面图报告
3. 安装建模成果报告	45. 钢结构整合成果报告
4. 模型整合问题报告	46. 碰撞检查报告
5. 图纸问题报告	47. 砌体排布方案报告
6. 清单工程量精算报告	48. 采购计划报告
7. 不平衡报价分析报告	49. 区域两算对比报告
8. 工程量指标报告	50. 材料用料计划方案
9. 施工图预算报告	51. 调研分析报告
10. 项目消耗量分析报告	52. 现场质量安全问题跟踪报告
11. 土方开挖平剖面图	53. 临边维护报告
12. 格构柱与支撑碰撞分析报告	54. 项目审计核增核减报告
13. 节点模拟分析报告	55. 项目分包核减报告
14. 进度款申请工程量复合报告	56. 项目实施策划方案
15. 分包进度款申请工程量复合报告	57. 月度实施成果报告
16. 高大支模查找定位报告	58. 系统部署验收报告
17. 二次结构方案建议报告	59. BIM技术方案
18. 预埋管线加强筋分析报告	60. BIM应用标准
19. 钢筋下料单	61. BIM建模培训报告
20. 钢筋和钢结构碰撞报告	62. BIM应用培训报告
21. 装配式钢筋碰撞分析报告	63. BIM运维应用培训报告
22. 管线综合报告	……
……	

班 BIM 团队服务为辅。

鲁班软件建立了“带教 + 驻场”的特色 BIM 服务方式。经过 400 余个项目级、企业级的 BIM 实施经验，鲁班 BIM 团队已经总结了一套较成熟的 BIM 管理体系和实施方法论，包括 BIM 相关标准、流程与制度等，项目实施过程中提交委托方各阶段成果报告共计 60 多份，并通过驻场服务，将这套体系和方法论传递给委托方。

鲁班 BIM 团队在服务实施之初先对企业进行调研，根据企业管理特点与项目特点对相关标准与制度进行微调，作为企业实施 BIM 的重要基础。而且团队会派遣有丰富项目经验的驻场经理长驻项目，与项目人员同吃同住。不仅仅是软件层面的培训，更是现场指导每个 BIM 应用点该如何落地，实现 BIM 实时方法论的知识传递，带着项目人员走完建造全过程当中的 BIM 相关流程，逐渐实现 BIM 驻场顾问退场后，项目人员能够自行利用 BIM 相关工具解决现场实际问题。通过一两个项目试点，帮助企业培养 BIM 人才、建立 BIM 制度、实现 BIM 技术与原有管理流程的结合，建立起属于企业自己的 BIM 体系，为集团公司在更多的项目中普及和推广 BIM 打下基础。

不少合作的企业已经成功过渡到第二阶段应用了，并建立了企业的 BIM 中心，如中建二局一公司、湖南六建、天津三建、中铁城建、中亿丰建设等，将 BIM 技术上升至企业管理层面，成功应用 BIM 技术的领先企业，利用强大的 BIM 武器提升了企业的核心竞争力。

制约 BIM 技术产业发展的 7 大关键问题

当前，技术发展到了台风口，但将有七大问题制约 BIM 技术产业的发展。

2015 年，无疑迎来 BIM 技术发展的转折点，即从普及宣传，到应用的快速增加，政府方、业主方加大推动力度，承包商自身需求提升。BIM 技术价值虽然争议不断，但巨大的实用价值，并最终引发产业革命这点已毋庸置疑了。

但当前制约 BIM 技术产业的发展还有以下 7 大关键问题，如图 4-5 所示。

图 4-5　BIM 技术产业发展 7 大制约

产业政策

中国建筑业至今还是计划经济色彩深厚的行业，市场化程度低，国有大型建筑企业占据绝对主导地位。这种情形导致行业内一个新技术的引入，往往靠政府推动，企业是比较被动的。特别是 BIM 技术引发行业的透明化，对行业利益格局产生严重的冲击，会导致利益重分配。很多企业家思维僵化，只看到不利的一面，没看到有利的一面。BIM 技术作为行业革命性技术，前期的推进速度并不够快，是非常可惜的。只有当政府政策明确，加大推广力度后，企业动作才会加快。

所幸的是，政府这一块动作已明显加大，住房城乡建设部、上海市政府、福建省住房城乡建设厅、广东省住房城乡建设厅均已发布了 BIM 指导意见（表 2-1），并对 BIM 的应用有了强制性的要求，相信其他地方政府都会陆续跟进。

技术标准（数据标准）

BIM 技术的应用分三大阶段：设计、建造、运维，还有一个大阶段是智慧城市的应用。三大阶段的数据打通对 BIM 技术的价值发挥有很大作用。所有 IT 领域都会面临这个问题，需要一个产业的博弈周期，最后得到事实上的工业标准。

技术标准除了涉及每个厂商的利益，还有很复杂的技术问题，不是一个政策文件所能解决，也不是一个政府标准课题所能解决的。

一个值得警惕的问题是以政府标准的名义，干商业利益重分配的实事，这在中国的建筑业领域实在太多见了。最终实质上严重损害了技术的发展，造成不公平竞争，形成内部人利益集团。这在建筑业行业电子招标投标系统和造价软件上表现得淋漓尽致。

国内标准另一个大问题是国家标准和地方标准并存且冲突，由于区域利益，二者往往不能完全兼容，十分不利于信息化和 BIM 技术推进，在新一轮 BIM 热潮中，是否会重现电子招标投标和造价行业的境况，现实不容乐观。

行业（市场）教育

这里不是指 BIM 软件培训，而是指 BIM 理念、应用价值，对行业影响等理念性市场教育。

行业教育的工作量已经很大，总体上形势已很好。过去靠几家软件厂商在推动，现在已大不一样，行业教育的参与方已经非常之多了，各大部门、教育机构、BIM 咨询服务单位都已参与进来。但由于培训各方的利益不同，使得市场上对于 BIM 的真正价值、方法论等还存在一些误区，需要厘清正视。

观点 PK 之：BIM 标准

杨宝明说

BIM 建设标准的一大难题在于，这是一个系统工程，是一个顶层设计的概念，牵涉到现有的很多标准需要配套修改，否则仍影响 BIM 标准的推行，甚至不能推行：如造价规范、材料设备编码、电子招标数据接口标准等都是一个地区一个标准，是地区主管部门的利益工具。BIM 标准与这些标准严重冲突。

Sketch-UpBBS

个人感觉今后建研院会集思广益会弄出个符合中国特色和标准的 BIM 工具来，最后一定会说是完全自主知识产权的。无论怎样，世界潮流不可逆转，你装看不见也好，忽视也好，我们都永久的站在这儿！

杨宝明说

完全认同。如果定位和价值观有问题了，后面的结果可想而知。一个成功的信息化标准，先决定于建标准的价值观，电子招投标和特级资质标准基本上是两个恶例。

BIM 俱乐部

建立 BIM 标准是一个“漫长”的过程，要有决心，需要巨大的耐心。不会一蹴而就！

杨宝明说

BIM 标准是一个巨大的系统工程，关联因素很多，如何建设 BIM 标准就是一门巨大的学科，因 BIM 要实现全生命周期信息数据的流通，这样就处于整个行业很顶层的位置上。这就要从价值观、定位开始谈起，远不是技术问题，虽然技术上也很难。现实是住建部信息化抓了几个，没有一个成功的信息化标准。

bim 产业联盟

现在一个现实的问题摆在眼前，这个标准由谁来制定？这里面至少涉及住房城乡建设部、工业和信息化部等多部门的管辖范畴，其次下面可能有数十个行业协会有关联，涉及权力和利益的权衡，要做出一个让那么多人都能接受的一个标准，不容易。

来源：新浪微博

BIM 软件技术发展

BIM 技术由于研发难度大、学习门槛高，相对需求的迫切程度来讲，研发速度还显得太慢。高价值的应用推出的速度还太慢，其中资源投入不足是一个关键问题。

研发和推广资源不足，最主要受限于当前国内软件知识产权的现状，软件消费文化还较差，正版率低，软件商获利少，研发投入自然少。

BIM 技术产业的商业模式

BIM 技术有巨大的价值，中国是全球最大的工程建筑市场（新开工面积占全球 50%），理论上讲肯定有很大的市场机会。但事实上，当前 BIM 技术产业发展举步维艰。

软件商投入很大，由于正版率低，用户不愿为服务和升级付费，对可持续发展十分不利。

BIM 技术服务业务，也非常容易陷入技术劳务陷阱，从 20 ~ 30 元 / 平方米服务收费向 3 ~ 4 元 / 平方米过渡了。

如何在 BIM 对项目对客户的巨大价值中获得合理的收益分配，是关系到可持续发展的大问题。

所幸的是，BIM 软件厂商纷纷与资本合作，借助更多的资源来研发和推广自己的技术。但无论对资本方如何“忽悠”，都要从根本上解决软件厂商的商业模式问题。

行业竞争秩序

建筑行业竞争环境是最差的行业之一。计划经济色彩深厚，行政垄断盛行，优汰劣胜是常事。同行之间也是恶性竞争严重，大家不喜欢通过创新和客户价值竞争，而是喜欢通过行政捆绑获胜。这种情况的大量存在严重威胁着行业的正常发展。

人才培养

BIM 技术学习门槛较高，普及深入地应用 BIM 技术，行业还需要大量的 BIM 技术人才。理想情况下，行业的每个从业人员都应成为 BIM 应用者。但实际上，行业中年轻人的学习风气不太好，大家对考证学习热度更高，对能力学习几无兴趣。BIM 技术真正的加快发展，需要在各个岗位的执业考试中，加入 BIM 考试内容，这样才能带动行业的学习风气。

观点 PK 之：BIM 技术现阶段如何创业？

知乎网友：

我现在所在的公司是国内比较知名的室内设计公司，因机电设计需求引入了 BIM 团队，总体来讲我们的团队技术水平应该是还算不错，但是由于大多数不是机电相关专业，将来教会了其他工程师我们也就只是个绘图员的层次了，所以几个人有点想创业的打算。

杨宝明：

近期 BIM 创业最多的方向是工程项目的 BIM 咨询顾问服务，即帮助业主方或施工企业方应用 BIM 技术，获得 BIM 技术价值，帮助工程项目进度更快、品质更高、成本降低。

BIM 咨询顾问服务市场已有较大的规模，上海相信已有上百个团队，因此竞争也比较强了，没有很好的基础，会有一定的困难。

因此要成功进入这个市场，要有几点条件：

（1）要准备一定的投入：团队组建、办公室、市场拓展等；

（2）团队基础：一个人几乎成不了事；

（3）要有一个明确的定位：做设计阶段、还是做施工阶段的；做业主方的、还是施工方的；做房建的、还是做市政的；……什么都做，一定不会有竞争力。一定要有个定位，市场才能越来越宽，否则遇到的竞争很强。

（4）更重要的一点是，选择合适的工具：设计阶段有 Revit、Bentley 等，施工阶段的 BIM 解决方案第一选择是鲁班 BIM 体系。

来源：知乎

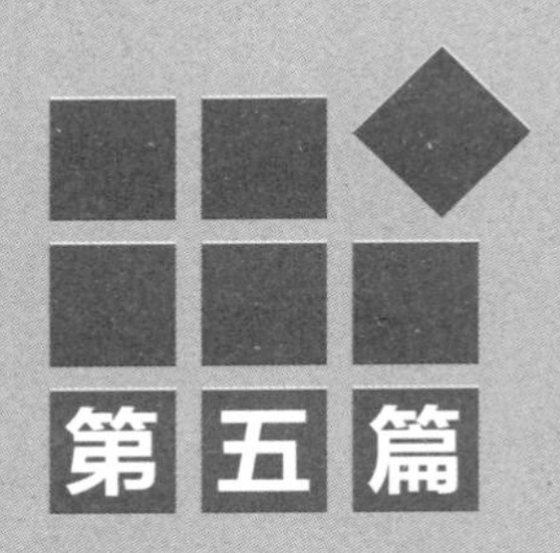

谁来用 BIM

- 你，需要第三方 BIM 顾问了！
- 建造 BIM 咨询业务的四大能力
- BIM 咨询业界的几个问题

你，需要第三方 BIM 顾问了！

受制于人才与资金投入，很多企业无法及时享受领先的技术带来的效益，应该是时候找个第三方顾问了。

在帮助施工企业 BIM 技术落地的过程中，笔者发现大多数施工企业对 BIM 顾问服务费用，往往感觉投入太大，难以接受。一是因为当前施工企业还普遍缺乏聘请管理顾问和技术顾问来提升管理的习惯；二是因为很多施工企业项目利润薄，被人分走一块很是心疼；三是对 BIM 带来的价值了解不够，纯粹将应用 BIM 技术当作投入和成本。因此很多企业与 BIM 咨询团队合作的第一个要求往往是要尽快帮自己培养出 BIM 技术人员，下一个项目就不用请外人，省下这笔钱来。从长期看，大施工企业单位培养自己的 BIM 技术团队，建立 BIM 技术中心是一种趋势，中小型施工企业、业主方以聘请外包顾问的实施方式为主。

你，需要第三方 BIM 顾问了

但从近年鲁班工程顾问团队为施工企业实施的大量项目案例来看，施工企业项目当前管理系统不足，BIM 技术人才更是奇缺，聘请全过程 BIM 顾问应该是一种投入产出高、相当合理的项目管理模式，并且笔者预计中小型施工企业聘请外部顾问今后会成为一种趋势，仅从数据服务能力方面来看，原因有四（图 5-1）。

一是施工企业项目现场管理人员和技术人员配置不足。当前施工企业扩展快速，项目数量大增，而成熟管理人员补充远远跟不上，导致每个项目上的管理人员配置严重不足。聘请 BIM 顾问，是对现场管理人员和力量的一种有效补充，而且 BIM 技术可以发挥极高的效力，成本较低。

二是施工企业当前各项目对数据能力投入严重不足。当前施工企业的预算水

> 当前大部分建筑企业的大部分项目，非常需要增加一道数据流程，作为新增流程，往往由专业的独立第三方来实施最合适。

施工企业项目现场管理人员和技术人员配置不足。

施工企业当前各项目对数据能力投入严重不足

独立第三方顾问服务，大幅提升内部管控水平

专业的 BIM 技术团队带来较大的外部知识价值

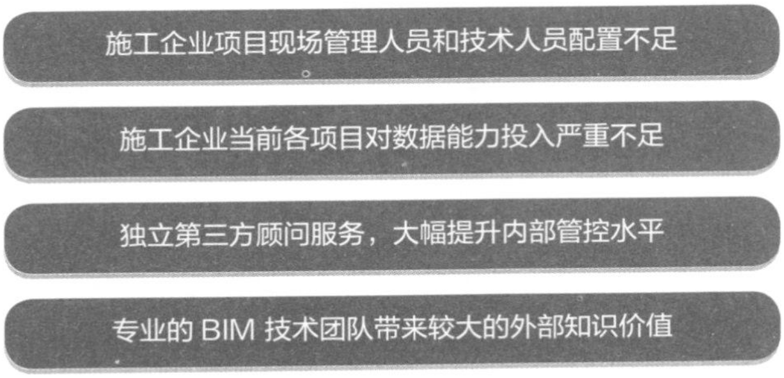

图 5-1　施工企业需要第三方 BIM 顾问的原因

平，一般误差率可达 3% ~ 10%，很多甚至比这更高，经常在签约时就已损失很大。

很多项目开工后很长时间没有一套完整的预算数据，甚至到了工程结束时都没有，一切管理依照经验值指挥，这是非常不靠谱的。

由于项目管理缺乏数据支撑，导致管理精细化能力不足，成本管控能力不足。当前大部分建筑企业的大部分项目，非常需要增加一道数据流程，作为新增流程，往往由专业的独立第三方来实施最合适。当然，以后有实力的企业有一个强大的数据后台时，即有一个强大的总部 BIM 技术团队时，也可解决这一问题。

建筑业是一个最大的大数据行业，但也是当前最没有数据的一个行业。项目的管理本质决定了，没有强大的基础支撑能力，再好的流程、制度、激励措施和再好的管理团队实现真正的精细化管理，是十分困难的。

当前施工企业对这方面的工作还较忽视，赢利模式往往靠扩大规模，而不是内部挖掘潜力。这在前 20 年是可行的，最近会越来越难。后续行业的发展更多需要依靠存量竞争，必须依赖内部管理能力的提升。

120 余吨　由于现场钢筋工长经验不足，施工班组的钢筋绑扎方法浪费材料严重，经过鲁班 BIM 顾问提出改进后，仅此一项就可节省钢筋用量 120 余吨。

聘请独立第三方 BIM 顾问，可在较短的时间内迅速补好这块短板，快速提升各条线的数据综合能力。

三是独立第三方顾问服务，可大幅提升内部管控水平。当前施工企业的项目内部管理漏洞相当大，内部管控需要很大的提升。内部流程的作用有限，同一单位的人，低头不见抬头见，今天你帮我的忙，明天我帮你的忙，难以拉下脸来。就像所有正规的公司，财务审计必须请第三方，更能保证客观、公正、准确，专业性也更强，显著提升内部管控水平的同时，投入产出是相当高的。

四是专业的 BIM 技术团队带来较大的外部知识价值。专业有经验的 BIM 技术顾问，经历过大量的项目，各项目方的优势管理方法见得多，同时与大量的项目交互信息，可以为客户带来很多的管理方法和经验。

这些知识的导入价值很大，如鲁班 BIM 团队服务的一位客户，由于现场钢筋工长经验不足，施工班组的一个钢筋绑扎方法浪费材料严重，经过鲁班 BIM 顾问提出改进后，仅此一项就可为项目节省钢筋用量 120 余吨。

综上所述，施工企业聘请专业的 BIM 技术顾问将是一种优势的项目管理运营模式，会成为一种趋势。当前施工企业的意识非常局限，是时候学一学业主的运营模式了，大量的工作和价值创造是顾问完成的，自己成为真正的上帝，拿最大的一块利润。今后的施工企业不仅要会工程分包，更要在管理上整合资源，创造更大价值，工作更轻松，利润还可以更高，何乐而不为。

第三方顾问容易保证公平准确

与专业水准高的 BIM 顾问团队合作，起点高，中立性好。预算数据的创建计算是鲁班软件的传统优势。鲁班软件在前十年一直定位于“工程量计算专家”，有最好的建模算量解决方案和最强的技术团队。随着鲁班软件的升级转型，鲁班软件的 BIM 解决方案，将前十年单项的建模算量应用延伸到全过程的 BIM 技术应用，从提供单个算量软件到提供 BIM 建造阶段全过程解决方案和服务。鲁班软件在行业内最早开始这方面的探索实践，且具有较大的领先优势。

鲁班 BIM 顾问服务在多年的实践中，建立了一整套质量控制措施（图 5-2）：

内部审核机制。增加构件级互检流程，提高准确性。当前企业内往往由“老法师”从指标和经验值上做一些控制，没有精细的互检流程，预算数据的准确性较低。

专业分工机制。由于 BIM 顾问团队处理的项目数量众多，可实现更专业的分工，提高专业化水平，提高准确率。

技术手段保障。云模型检查，大量云端专家知识库和智能算法，为工程准确性保驾护航。查问题高效，准确率高，指标检查，庞大的指标数据库为数据准确性进一步把关。

前后台分开的内部管控机制。后台建模算量，上传服务器，驻场 BIM 顾问在现场指导 BIM 技术应用，提供数据服务，进一步进行数据核对。前后台分开，互相核对。

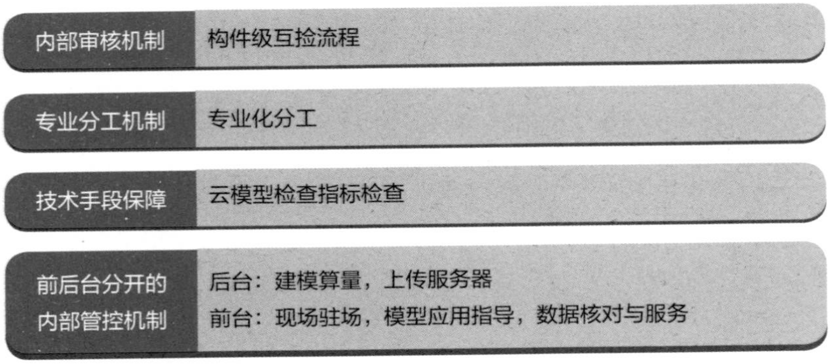

内部审核机制 | 构件级互捡流程
专业分工机制 | 专业化分工
技术手段保障 | 云模型检查指标检查
前后台分开的内部管控机制 | 后台：建模算量，上传服务器
前台：现场驻场，模型应用指导，数据核对与服务

图 5-2　鲁班 BIM 服务数据质量控制措施

0.9% 鲁班 PBPS 服务通过内部的检查流程和双方的互相核对，将算量的数据误差控制在 0.9% 以内。

相较于当前建筑企业传统的预算数据处理，鲁班 PBPS 顾问服务（BIM 全过程服务）数据质量保障上有以下优势：

增加检查核对流程。增加流程很重要，即使两个误差都在 5%，两次核对后的误差率理论上将控制在 0.25% 内。

人员专业化强，经验丰富。鲁班 BIM 技术人员是建模算量专业化人员，一年应对的工程数量远远大于企业中预算人员，对工程更为熟练，经验更丰富。

技术手段强。有很好的技术保障措施，大量的专家知识库、指标库和问题数据集，对保障数据质量起到重要作用。

因此鲁班 PBPS 服务较一般企业往往可获得更好的数据质量，并且时间上更快，几乎是实时，对项目各条线的精细化管理形成强大支撑。

鲁班 PBPS 服务协议中承诺的算量数据质量是误差控制在 0.9% 以内，实际上通过内部的检查流程和双方的互相核对，可以获得更高的数据准确性。

以上仅从 BIM 技术给企业带来的数据支撑的角度来分析，中小型施工企业、业务选用第三方顾问模式是性价比更高的模式，何况更有技术支撑、协同支撑方面的价值。

对于大型施工企业，建立 BIM 团队要成为企业战略，但在探索学习的前期，选择一支专业的有经验的第三方顾问团队不失为增加成功概率、减少学习成本的重要途径。

建造 BIM 咨询业务的四大能力

BIM 持续升温，BIM 技术咨询服务是热点之一，但该如何做好，并形成成熟的商业模式，BIM 咨询服务商仍在摸索当中。

BIM 持续升温，BIM 技术咨询服务是热点之一。一时间，全国各地的 BIM 咨询企业如雨后春笋。但 BIM 咨询服务该如何做好，并形成成熟的商业模式，BIM 咨询服务商还在摸索当中。

BIM 技术咨询服务业在规划设计、建造、运维三大阶段会有很大的不同，笔者重点研究建造阶段。

《BIM and Integrated Design：Strategies for Architectural Practice》作者 Randy Deutsch 曾指出，BIM 是 10% 的技术问题加上 90% 的社会文化问题（“BIM is about 10% technology and 90% sociology”）。同样，在建造阶段要做好 BIM 技术咨询服务不仅仅是技术水平的问题，还要有管理的能力。笔者认为，现阶段，建造阶段的 BIM 技术咨询服务要做好必须具备以下四大能力（图 5-3）。

（1）项目管理咨询能力

BIM 技术要为企业管理、项目管理创造价值，需要研究在全过程中如何利用 BIM 技术解决客户在项目管理和企业管理当中的问题，这远比应用一个工具软件复杂，不仅仅是培训和技术服务就可以解决。关键需要对非常专业的项目管

图 5-3　建造阶段 BIM 技术咨询服务必备能力

> 现阶段的 BIM 技术咨询服务其实是边服务、边探索、边研发、边完善的过程，光有 BIM 技术咨询服务人员是严重不够的，必须有强大的研发团队的配合。

理问题进行梳理，提出解决方案，并融入全过程的施工项目管理。要解决的问题会包含：理念冲突、流程再造、实施方案、组织落实、项目应用价值点的设计和落实、对研发具备提出需求的能力等。没有管理咨询能力、只有 BIM 技术专业能力的团队无法很好地完成上述任务，BIM 技术的落地就存在较大问题。

具有管理咨询能力，要求团队是行业管理专家，才能实施高层营销，说服企业高层投资 BIM 技术咨询服务；才能实现 BIM 技术与项目管理流程相结合，实现 BIM 技术在项目上的成功应用。

（2）软件研发配合

当前 BIM 技术产业还在发展阶段，远没有一套成熟的工具和方法论。就 BIM 软件而言，也还在完善之中，如建造阶段传统 BIM 技术的应用都是先围绕着“算量”展开的，其他方面的应用还在不断拓展当中，离完美还有一段过程。而要实现项目管理全过程的 BIM 技术应用，远远超出了传统范畴，软件功能和使用方法、交互设计都需要重新考量、重新研发。

因此，现阶段的 BIM 技术咨询服务其实是边服务、边探索、边研发、边完善的过程，光有 BIM 技术咨询服务人员是远远不够的，必须有强大的研发团队的配合来保证诸多 BIM 应用的落地，很多本地化、专业化研发能力不足的洋品牌 BIM 软件，最后一公里问题就很突出。单纯是 BIM 技术服务就会遇到用户的新需求无法满足的问题，而软件公司与 BIM 技术服务商之间的需求对接有较大鸿沟，这样的响应方式无法让客户满意。

（3）技术培训服务能力

除业主方外，其实建筑企业在聘请 BIM 技术服务的过程中，非常希望能实现知识体系和技术转移。工程咨询服务费用需要一定的投入，大型、高难工程可以投入聘请外部服务，对于中、小型工程逐步由自己的队伍实施。这就需要遍布全国的一个服务网络，能随时提供此类的客户技术培训服务。

（4）BIM 技术实施团队

快速、准确建模，高质量的 BIM 技术应用当然非常重要。还要具有相当强的响应能力，工程遍布全国，没有 BIM 工作团队的网络，难以在快速响应和成本两方面，满足业务需求。

BIM 技术要落地，需要与企业的项目管理流程能较好地契合。因此，咨询服务商必须很好地掌握施工项目管理知识与 BIM 技术能力，并总结出一套 BIM 技术实施的流程与方法论，才能帮助企业将 BIM 落地。甚至，BIM 在实施中经常会遭遇哪些阻力，咨询服务商该如何帮助企业去克服等。这要求咨询服务商要有一支强有力的 BIM 技术实施团队。这支团队不仅仅是 BIM 技术员，更需要了解施工现场、具备一定的项目管理知识、拥有良好的沟通技巧与协调能力的实施顾问；团队内部的知识管理更是团队的核心竞争力，需要不断地总结与提升。

因此，BIM 技术咨询服务在建造阶段确实有较高的门槛，否则将很快面临天花板，核心竞争力缺失，可持续发展能力弱的瓶颈，笔者不提倡一支小队伍的服务模式，而应走战略合作、联合的方式实现业务增值将更加合理。

BIM 咨询公司推荐榜单

为全面梳理浙江省建筑施工企业 BIM 应用服务情况，了解各类 BIM 技术应用咨询单位在建筑工程各阶段应用 BIM 技术的状况，浙江省建筑业技术创新协会在浙江省内开展 BIM 技术应用服务供应商现状的调查工作。

针对 BIM 咨询单位推荐的调研问卷中共有有效回答 480 份，是所有问卷分析中回答率最高的一项，说明也是施工企业十分关注的一项内容。此处列举了前 16 家被推荐的咨询单位，其中鲁班软件以 28.17% 的占比位居第一，其次广联达与杭州品茗分别以 22.62% 和 18.25% 列二三位，中国建筑科学研究院以 9.13% 位居第四位。通过调查可看出，鲁班软件在 BIM 技术应用咨询领域占有较高的市场认可度。其数据统计表详见表 5-1 。

BIM 技术应用咨询单位推荐名称汇总表　　表 5-1

序号	咨询单位名称	比例（%）
1	鲁班软件	28.17
2	广联达	22.62
3	品茗股份	18.25
4	建研科技（PKPM）	9.13
5	优比咨询	3.57
6	柏慕	3.17
7	谷雨时代	1.98
8	益埃比	1.59
9	浙江协同	1.59
10	优辰	1.59
11	攀成德	1.19
12	佳华	1.19
13	宁波职院	1.19
14	斯维尔	0.79
15	德晟	0.79
16	比牧	0.79
17	其他	2.38

来源：《浙江省建筑施工企业 BIM 应用服务供应商推荐咨询报告（2016）》

BIM 咨询业界的几个问题

BIM 产业链中，BIM 咨询服务商是重要的一环，但 BIM 咨询业界存在的几大问题严重制约了 BIM 咨询服务业的发展。

笔者最近参加了一个大地产商组织的 BIM 应用研讨会，各路主流的 BIM 团队悉数到场。笔者交流过程中深感 BIM 咨询业界存在的几个问题会对今后的 BIM 技术产业发展带来很大的阻碍。这些问题不认识清楚，不尽快调整，对行业发展将不利，对自己的企业和团队发展也不利。

以下列举了国内 BIM 咨询行业的几大常见问题（图 5-4）。

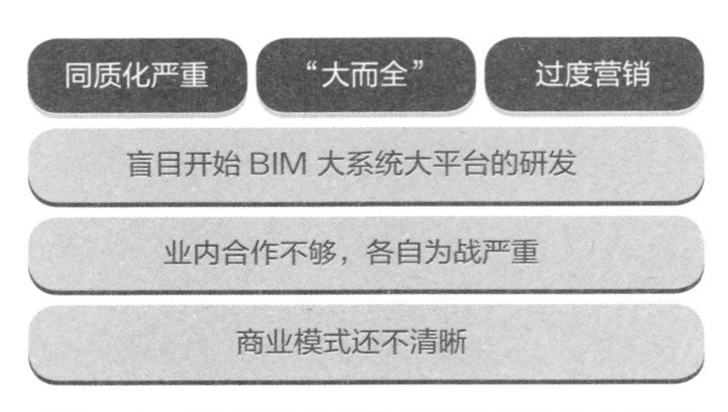

图 5-4　我国 BIM 咨询行业常见的六大问题

（1）同质化严重

各家 BIM 咨询服务商的差异化相当小，听下来大家都能做，只能比拼关系和价格，感觉是十分传统的项目竞争，各自的核心竞争力并不明显，最后难免会陷入技术劳务的价格战。

（2）“大而全”

各家 BIM 团队介绍的 BIM 咨询服务能力几乎都涵盖了三大阶段的各项应用，几乎只有鲁班工程顾问团队声称只做建造阶段的 BIM 应用服务。

笔者认为，BIM 技术产业链相当长，专业细分需求十分明显，各家 BIM 咨询服务商应找到自己的定位，建立独特的竞争优势。

（3）盲目开始 BIM 大系统大平台的研发

由于收集到太多客户的需求，而满足应用必须有更强大和支持更多应用的 BIM 平台，同时 BIM 咨询商都意识到研发能力的重要性，多支 BIM 团队声称开始了大型 BIM 应用系统的研发。笔者认为多数团队对于 BIM 系统的研发难度和水深程度还不甚了解，盲目开始 BIM 大系统大平台的研发是十分不明智的，劳民伤财不说，恐怕难有大的成效。

笔者认为很多团队盲目投入系统研发，完全不理解 BIM 系统研发的难度、工程量的量级，一两把枪加少量的投入就盲目启动，纯粹只能是交学费。

鲁班软件一直在做 BIM 技术的有关研发，仅算量一项应用，就持续了 10 余年，现在还有越来越多的需求需要满足。这并不意味着软件系统没有进步，而是用户需求迅速扩展，希望适应更多类型的工程、更复杂的工程、更好的交互、更高的效率、更快的计算、更好的用户体验等。BIM 软件是 3D 以上的软件，功能开发、交互研发投入相当巨大，经过国内外厂商 10 多年的努力，门槛更是筑得较高，至少需要上亿元的投资计划，且对生态体系建设要求相当高、成功概率较低，百万级别的投入除了打水漂，已毫无意义。

（4）过度营销

行业内确实存在过度营销的情况，这造成客户期望过高，落地实现的比例较低，行业难免对 BIM 技术或 BIM 厂商给予负面评价。事实上，虽然 BIM 技术在整个发展历史中尚处于初级阶段，目前 BIM 技术能实现的应用相对潜力来讲，还只是很小的一部分，但现阶段的能实现的价值已经非常巨大，投入产出比可以很高。尽管如此，如果忽悠得过于强大，无所不能，落地得少，仍然会使客户和行业人士失望，对整个 BIM 技术产业的发展不利。

出现这种问题的原因在于 BIM 咨询服务团队缺乏战略能力，不懂品牌建设，没对自己的服务做好定位，做不出独特优势，就容易滑向过度营销。

（5）业内合作不够，各自为战现象严重

国内 BIM 咨询服务商之间的合作不够，对国内厂商已有的系统和成果了解过少，利用较少，自己从零开始，其实风险最大。BIM 技术产业是高投入高风险的新兴领域，特别是现在商业模式还没有探索清楚，盲目投入大系统的研发不是很合适，了解和利用现有厂商的系统，找准各自定位，赚各自的钱非常重要。

近年来 BIM 技术产业快速升温，大家谈论的越来越多，企业投入该领域的人力、资金资源也越来越多。但从第一批从业人员和公司两三年的探索来看，至今未解决这个行业发展的尴尬：无法找到合适的方式进行营销、扩展规模、实现赢利，即商业模式面临巨大挑战。大家都坚信 BIM 是革命性的理念与技术，拥有巨大的应用价值，一定会产生一个巨大的 BIM 产业链，创造巨大的商业价值，但真正要实现绝非易事。这几年如雨后春笋般冒出来的 BIM 技术厂商和咨询服务团队中，企业迅速做大和发展较快的还难见踪影，说明了 BIM 技术产业发展的艰巨性。

（6）商业模式还不清晰

BIM 技术咨询业务近些年发展迅速，BIM 技术咨询企业也如雨后春笋，估计有数千家之多了。他们为 BIM 技术布道、开路，作出了巨大的贡献。但 BIM 技术咨询企业如何生存发展，也面临较大的困难。

中国的技术咨询服务产业，往往很难进入较高端、较高门槛的阶段。刚开始发展不久就快速滑向技术劳务的价格战，无法高收费，就无法向高端咨询服务方向良性发展。服务的同质化相当严重，创新不够是主因，缺少对咨询业务价值的认同是市场基础差的体现。

BIM 技术可以为客户创造很高的价值，但咨询服务方无法高收费。如何建立行业游戏规则？如何设计业务模式？这些是 BIM 技术咨询服务业务的挑战。整个产业来讲现在还完全看不出门道来。鲁班软件利用公司的整体优势，整合管

理咨询、BIM 软件研发、技术服务、鲁班实施团队四大方面的力量，设计的一套针对施工企业的 PBPS 服务业务模式无疑是一个亮点。PBPS 现在还面临许多困难，特别是中层阻力和高层对价值认知是当前最大的挑战，但推广进度已大大加快，将开辟 BIM 技术咨询服务业务的一个较大领域。

综上所述，中国 BIM 技术产业发展面临的挑战是巨大的。中国 BIM 技术产业的顺利发展需要一批具有创新思想、热爱这个行业，愿意为之付出的一批企业家和技术专家，而不是将 BIM 仅沦为圈钱的工具。

观点 PK 之：BIM 咨询行业的同质化

杨宝明说

技术劳务陷阱：由于同质化严重，BIM 技术咨询服务有可能价格走低，陷入高价值低价格的技术劳务市场局面。如何差异化，建立自己的核心竞争力是关键。

古月微博秀

同质化是行业或领域发展初期的普遍生态，差异化才是行业或领域走向发展轨迹的开始。

BIM 毕埃慕顾问

有这个趋势，碰撞检测似乎慢慢成了红海，就像之前的效果图行业。将来可能只要会 Revit 的设计院都会介入！但是施工阶段的 BIM 应用好像还没有拉开大幕。

王立君 – 中信项目管理

步子越来越小。

柏慕进业 – 北京 – 岳峰

能打价格战的只有同质化竞争，BIM 服务之中同质化的部分只有建模服务，因而，BIM 市场上打价格战的就只是建模的，只会打价格战的也就只懂建模（几何建模）。

勇少中国

谁在这个领域成功了，谁就会对这个领域重新洗牌。创新越颠覆，优势越明显。

来源：新浪微博

BIM 的未来

- BIM，改变建筑业
- BIM 在工程建设行业的应用展望
- 建筑业信息化新时代图景
- 从 BIM 到 CIM

BIM，改变建筑业

BIM 技术与互联网的结合，将带领建筑业从粗放走向智慧。
BIM 技术的成熟和普及应用，对建筑业的影响，将远超电脑的出现对建筑业的影响。

BIM，会给建筑业带来什么？这个问题在当前并没有能力完全准确预测，但有一些方向已能看得比较清楚。

我与导师沈祖炎院士交流 BIM 技术发展现状时，他问到：相对于电脑出现对建筑业的影响，BIM 技术的出现和普及应用，对建筑业的影响如何？

我的回答是：BIM 技术的成熟和普及应用，对建筑业的影响，将远超电脑的出现对建筑业的影响。

17 年的研究和应用实践的总结，本人深信这个判断会成为事实。

BIM，改变建筑业

电脑的出现，对建筑业的影响至今还基本上停留在工具岗位层面、生产力提升层面，对项目管理模式和企业管理模式的影响还很小，更不用提对中国建筑业的产业机制、项目管理模式、行业商业模式和行业管理产生根本性的变化。

而 BIM 技术的成熟，会对这一切产生革命性的影响，推动整个行业生态链的变化，价值链的重新整合。

计算机出现到现在数十年，对中国建筑业的产业本质影响还甚微。目前我国的项目管理还是粗放式的，以经验为管理依据，而不是依据数据和系统作决策。以至现在项目管理还是以承包制为主流模式，企业集约化运营还远未实现，整个行业还处于规模不经济的状态。这在其他行业已是相当可笑。这是由工程的复杂性和工程行业本质所决定的，工程行业的产品单一性，单一产品数据海量，工艺工序不标准，决定了基于二维计算的计算机技术难以根本性的解决工程项目的管理问题和技术问题。

BIM 技术悄然具备了革命性的变革能力。基于三维和更多维度的计算技术，BIM 技术有能力高效地将工程实体构建出多维度结构化的工程数据库（工程数字模型），这样就有了强大的工程数据计算能力和技术分析能力。只要维度参数一旦确定，海量数据分析便可以快速完成，供各条线的精细化管理决策所用，各种技术应用也能较好实现，如专业冲突碰撞检查、剖面图功能、安全管理等。

尤其是 BIM 与互联网的结合，将大型工程的海量数据、可视化工程 3D 和 4D 图形在广域网方便共享、协同和应用，将给建筑业带来重大影响。

面对飞速发展的信息技术，通常再乐观大胆的预测都显得保守（图 6-1）。笔者预测 BIM 技术将会从如下几个方面对建筑业产生革命性的影响。

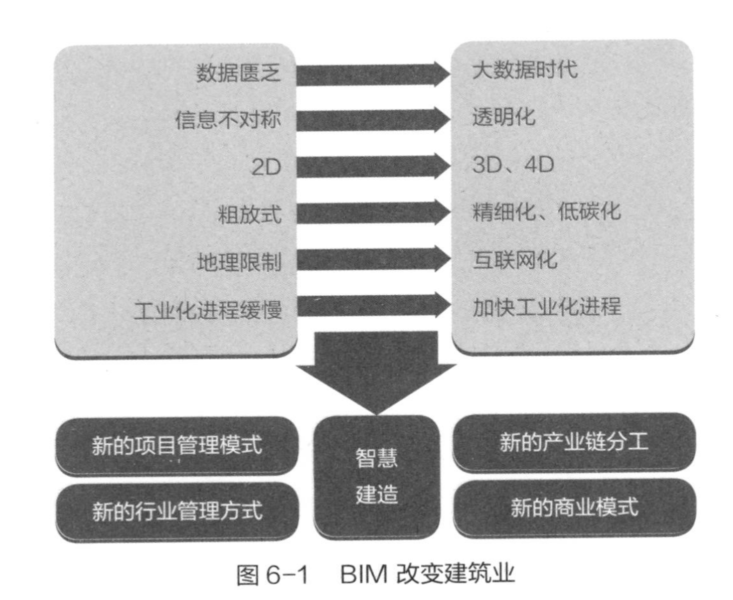

图 6-1　BIM 改变建筑业

> BIM 技术的成熟，会对建筑业产生革命性的影响，推动整个行业生态链的变化，价值链的重新整合。

带领建筑业进入大数据时代

建筑业的本质决定了建筑业是最大的大数据行业，建筑业是产品最大的行业（上海中心 85 万吨重），是数据量最大的行业，也是数据最难处理的行业。但目前为止，也是最没有数据的行业。

建筑企业数据中心的服务器里都还数据寥寥。很重要的原因之一是，建筑产品是单产品生产，且每个产品数据海量，不是以往技术手段所能快速创建、计算和展现的。所以，目前建筑业还是受互联网影响较小的行业，而建筑业恰恰是最需要被改变的行业。

BIM 技术将让企业具备这样的能力。与以往的技术手段相比，BIM 强大的建模技术，已能让工程技术人员更快地创建 3D、4D 数据模型，通过系统计算能力，产生完整的工程数据库，实现全过程的应用。

进入大数据时代，对建筑业的发展和转型升级是决定性的。只有具备大数据的支撑，工程项目才能实现精细化管理，才能高效掌控建造全过程。

提升建筑业透明化程度

数据量的庞大使得建筑业成为迄今为止最不透明的行业，也因此成了最腐败的行业，建筑工程是反腐重灾区。很显然，行业很不透明、很难透明是重要原因。

BIM 带来了行业的透明化，相关管理人员和管理部门有了强大的信息对称能力，很多项目管理、企业管理和行业管理的难题将迎刃而解。过去项目管理的实权大量留在了基层和操作层，项目经理对操作层、公司对项目部都存在严重的

> BIM 技术透明能力，今后也会是行业转型升级时期最大的推动力。企业需要成本竞争力、精细化能力时，BIM 将成为最强大的手段。

信息不对称，很难管控。承包或许可以低利润维持，直营更有可能亏损。

建筑业的不透明，还带来其他很多行业问题。如招标投标恶性竞争，质量控制困难等。

这也是在行业高速增长时期，BIM 技术推广最重要的阻力之一。BIM 的透明化能力，让建筑业利益链实现重新分配，动了很多人的奶酪，阻力可想而知。有更多的企业管理层对建筑业赢利本质的错误理解，导致对 BIM 技术推广不力，以为建筑业赢利靠不透明。但事实是，虽然建筑业是最不透明的行业，却是利润最低的行业。行业的真相是，项目上老板一个人在“搞”业主的时候，有无数的人（大量的供应商、分包商和操作层）在“搞”自己，搞进来的远不如被搞出去的多。

当然，BIM 技术透明能力，今后也会是行业低速发展时期行业转型升级最大的推动力。企业需要成本竞争力、精细化能力时，BIM 将成为最强大的手段。上海市政府推出 BIM 技术政策，其中一个重要的推手就是上海市纪委、监察局。反复调研和试点证明，BIM 技术是工程行业反腐倡廉的利器。

建造技术从 2D、3D、4D，进入数据化、可视化新时代

建造技术从 2D 进步到 3D，人类持续了数千年，才得以实现。看似小小一个维度的进步，却是前所未有的革命性进步。加上时间维度是 4D 建造技术，带来的管理和技术体验非常巨大。2D 建造技术是用线条表现一个工程，3D（BIM）建造技术是用数据库表达一个工程，这是一个质的变化，让人类建造技术有了一个飞跃，是革命性的。

帮助建筑业实现精细化、低碳化

国际上，各国政府都在强力推广 BIM 技术，重要的原因之一，就是 BIM 技术是一个绝佳的绿色建造技术。投入少，减排效果好。BIM 技术可以容易地让设计方案更优化，建造方案更优化，变更返工大幅减少，对当前的地球生存环境来说，再大的肯定都不为过。

一个触目惊心的数字是：中国建筑工程每年消耗的木材占全球森林砍伐量的 50%，水泥消耗占全球的 60%，建筑钢材占全球的 50%（图 6-2）。其中有很大一块被浪费。特别是国内的三边工程多，没有时间精细测算和技术分析，资源计划十分粗放，资源浪费也就相当严重。

BIM 技术将为可持续发展起到卓越的作用。

图 6-2 国内建筑业浪费严重

帮助建筑业实现互联网化

建筑业是典型的远程管理、移动管理，一个建筑公司的项目可以遍布全球。建筑企业尤其需要互联网化的项目管理，互联网变革了很多行业，迄今为止，建筑业是受互联网影响最小的行业，也是最需要互联网变革的行业。过去受限于技术水平不能实现，项目管理只能依靠招标管理、承包制、飞行检查等。甚至某个项目问题很严重了，总部还蒙在鼓里。而如今，互联网技术、BIM 技术的发展为建筑业的互联网化管理提供了可能性。

观点 PK 之：PC 与外来颠覆者

杨宝明说

远大住工，必须重点关注，完全以制造业的思维来做建筑业，将对中国传统建筑业有颠覆性影响。参观远大住工有感：颠覆建筑业，不会是现有的牛X大建筑企业，而是外来者。就像颠覆手机行业的是苹果，不是摩托罗拉。远大住工这样的中国新型建筑企业，才会是中国建筑业的未来方向。

石新泓 Neo

以我这个外行看来，房子就一大积木，没有理由必须现场制造。PC 建房，我们老家那边 40 年前就用过，人称大板房，用大板子拼拢的房子，冬冷夏热。

杨宝明说

现在的远大 PC 技术，这些节能效果要远胜现在的传统建造方法。

天大工管刘俊颖

想到了前几天的新闻 Ikea brings flatpack innovation to emergency refugee shelters。制造业进军建筑业，可能会给建筑业带来重大变革。很巧，最近一个新的研究选题，就是跨行业研究。

奋斗的 BIMer

看了远大住工所做的，真的开始做工业化了，中国的住宅特点需要这样的工业化。

邱闯 JCM

盼望更多的“远大”加入到建设行业。

设计工兵

俺从机电制造业来的，第一个就是：建筑业在计算机应用上，真落后！建筑业这么一大摊子，如果踏踏实实地搞 BIM 搞信息化，就很大的带动了信息产业，提供了很多技术职位，成为科技含量高的产业，而不是馆子窑子潜规则。钱也不是从错漏碰缺里扣，人也不是边赚钱边骂这不是人干的活儿，建筑业可以成为一个优雅的产业。

杨宝明说

建筑业完全可以成为一个优雅的行业，但要求行业出现一个小小的创新企业家群体。行业内看不到希望，行业外终于有人要对这个行业动手了。

来源：新浪微博

今后的企业级 BIM 系统里，将是一个个在云端的虚拟建筑工程，所有管理决策者对远程的项目都可了如指掌，数据随时获取。“BIM+ 互联网”真正让建筑业进入互联网时代，互联网的初级应用在建筑业早已应用，但只有基于 BIM 的互联网应用，建筑业的管理才有了质的变化。

加快建筑工业化进程

建筑工业化是低碳建造的另一法宝，是建筑业可持续发展的另一必由之路。

要实现建筑业的工业化、产业化，BIM 技术的支撑太重要了，可以大大加快工业化的步伐。实现工业化和信息化的融合，将工业化的优势更充分地发挥出来，BIM 技术将起到关键性的作用。

事实上，上海市政府推出 BIM 政策的重要原因之一，就是为建筑产业化做技术支撑的准备。产业化就是让建筑业向制造业靠拢，大量构件工厂化预制生产。一个大型工程实现工业化建造，将拆分成数十万个构件，如何让海量工程构件在设计拆分、生产、运输和现场安装过程有条不紊的组织起来，不出差错，且达到高效率，是相当困难的事情，需要一个强大的数据系统来支撑，这一定是基于 BIM 的数据管理系统。

目前的一些 PC 项目试点表明，造价会严重失控，就是管理的复杂性导致的，发展基于 BIM 的 PC 业务管理系统迫在眉睫。

催生新商业模式

建筑业的规模经济必将得到充分发挥。一个行业规模不经济，将沦为低端手工业。中国建筑业体量如此之大，规模不经济是无法忍受的。实现集约化管理，必须突破建筑业信息化的瓶颈，BIM 技术就是关键手段。

> BIM 技术会成为建筑企业的水和空气，是一种生存条件，不用好是不能生存的。

名词解析之：智慧建造

智慧建造（Smart Construction），是鲁班软件创始人杨宝明博士提出的概念，有两层含义：

一是产业的和谐发展，与大自然和谐可持续发展。我国建筑业规模约占全球 50%，建筑用钢量、水泥消耗量约占全世界 50%，是资源能耗、能源消耗和污染产生最大的行业，实行精细化管理减少消耗和排放时不我待。产业的和谐发展还包括行业恶性竞争减少，产业更良性的互动发展，更高效的产业升级。

二是让行业武装先进的数字神经系统。无论是行业还是企业、项目管理都在先进的信息化技术系统支撑下，经营环境公平透明，企业项目管理高效精细。

当前，BIM 技术的咨询、软件研发、培训和咨询服务产业已有了一定规模，后续 BIM 产业链能成为一个较大的产业。BIM 技术还将带动行业管理，服务城市建设、家装业市场的发展，催生新生态。

加快产业整合进化，改变产业生态

中国建筑业当前的生态是初级的，市场集中度很低，带来了行业的混乱。BIM 技术的出现，原有的一些产业机制，可以大大得到改进。旧有生产关系将被瓦解，从而催生一批新产业生态。

BIM 技术对建筑业规模经济起到了强大的支撑，将促进行业整合速度的加快，市场集中度加快提升，对弱小企业的淘汰将加速，有利于整个行业生态的良性进化。

从这一点出发，BIM 技术会成为建筑企业的水和空气，是一种生存条件，不用好是不能生存的。

BIM 将作为建筑数据和运维数据承载平台，助力实现智慧建筑系统的更人性化、更低运维成本、更低碳化的远景。

智慧建造将成为现实

智慧建造，意味着良好的品质，可持续发展能力，与社会、大自然更为和谐。

BIM、互联网技术和先进的行业理念，将帮助行业实现真正的智慧建造。更低的资源消耗，更低的碳排放，更好的产品质量，让建筑业成为可持续发展的智慧行业。

智能建筑升级为智慧建筑

“BIM+ 物联网 + 智能系统”，三者对智慧建筑的实现，都不可或缺。

BIM 将作为建筑数据和运维数据承载平台，助力实现智慧建筑系统的更人性化、更低运维成本、更低碳化的远景。

当前智能建筑各系统相对独立，数据不能很好地集成和综合应用，需要一个综合的运营数据集成平台，BIM 系统将建筑物空间结构数据库建立起来，并已有完整工程数据库，可以成为很好的运营数据承载平台，这对现有智能建筑系统将有很好的提升。建筑将在智能建筑的基础更上一层级，实现智慧化。

智慧城市的理想将更加接近

实现智慧城市，需要先实现城市的数字化，或将一个数字化城市建起来。

一个单体建筑是城市的 DNA。BIM 将每栋建筑的数字模型（数据库）建立起来，与 GIS 数据库集成，累加形成一个城市级的建筑数据库，就可以实现很多城市级的应用。

当前的智慧城市项目大多应用价值不够高，与缺乏城市基础数据库（城市级 BIM 数据库有关）支撑有关，当城市级的 BIM 数据库建成后，将有越来越多的智慧城市应用开发出来，造福百姓。

BIM 数据库，将成为智慧城市的关键数据库（图 6-3）。

图 6-3　从智慧建造到智慧城市

BIM+ 互联网，企业该如何行动？

互联网已革命性地改变了很多行业，如家电销售（京东、天猫）、百货零售（淘宝）、手机（小米、iPhone），诸如此类，非常之多。现在中国互联网巨头又开始发动互联网对金融业（包括银行、证券业）的革命，阿里、腾讯、苏宁云商都将进入金融业，已让银行大佬们忧心不已。

对于互联网、信息化，建筑业一直稳如泰山，岿然不动。这不是说建筑业与互联网、信息化绝缘，而是技术未成熟、行业时机未到而已。到今天，互联网及信息技术改变所有行业，各行业都会排着队被革命，已被理论和实践证明，只不过早晚而已。企业家应洞察这一趋势，才不会被大趋势淹没。

“BIM+ 互联网”正在加快对建筑业的革命速度，虽然这个趋势会面临很大的阻力，但前进的方向和速度的加快却不以人为意志为转移。

对建筑企业来讲，变革既有上游客户和政府行业管理的推动，更重要的是先行者有通吃的动力。这种革命无疑对全社会是有利的，胜出和留下的是谁，应该是及早全面拥抱“BIM+ 互联网”的企业。

BIM 在工程建设行业的应用展望

BIM 技术的应用还远未充分挖掘，9 大展望值得期待。

全球建筑业界已普遍认同 BIM 是未来趋势，还将有非常大的发展空间，对整个建筑行业的影响是全面性的、革命性的。BIM 技术的发展对行业最终的影响，目前还难以估量，但一定会彻底改变企业的生产、管理、经营活动的方式，毫无疑问，BIM 技术的普及成熟，其对建筑业变革产生的影响将超越计算机当前对建筑业的影响。

BIM 目前仍处于初级阶段，经过近几年的推广，BIM 技术在施工企业的应用已经得到了一定程度的普及，在工程量计算、协同管理、深化设计、虚拟建造、资源计划、工程档案与信息集成等方面发展成熟了一大批的应用点。同时，施工阶段 BIM 的应用内容，还远远没有得到充分挖掘，在如下方面 BIM 技术的应用还很值得期待（图 6-4）。

（1）设计、施工、运维间数据的打通

市场上目前在设计、施工、运维等各阶段的平台软件及专业软件数量非常之多。虽然不少大的软件厂商的产品自成体系，系统性很强，但是由于建筑业务本身的复杂性，及建筑业在标准化、工业化管理水平方面落后的原因，导致 BIM 软件之间数据信息交互还不够畅通，无形中给应用的企业增加了重复劳动，提高了使用成本。

当前设计施工两大极端 BIM 数据对接已有较好的成果。

要推动设计、施工、运维阶段数据的打通，更多的需要寄希望于 BIM 软件厂商之间的合作以及市场竞争的自然选择。随着应用的广泛，市场会自然

> 要推动设计、施工、运维阶段数据的打通，更多的需要寄希望于国产 BIM 软件厂商之间的合作以及市场竞争的自然选择。

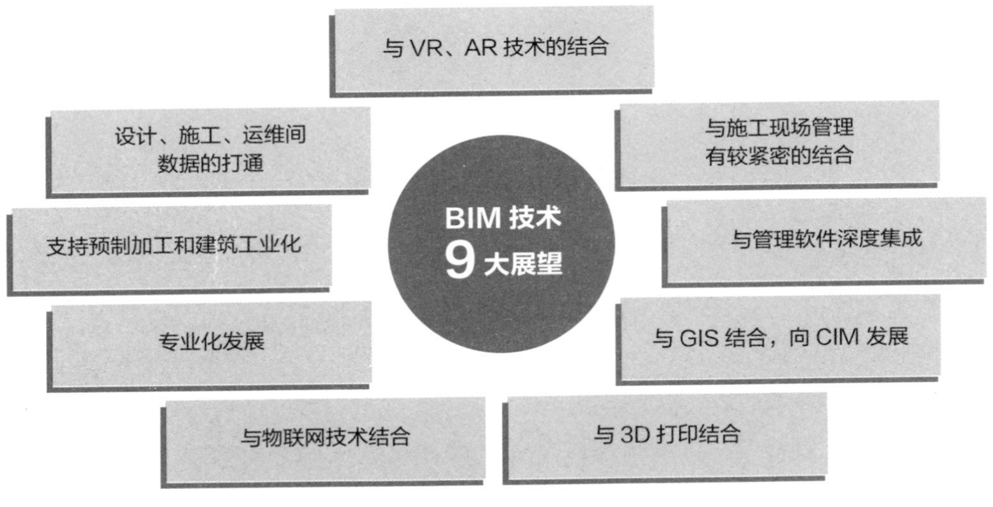

图 6-4　BIM 在工程建设行业的应用展望

根据主流 BIM 软件厂商应用的数据标准来形成社会的事实标准。最后通过国家层面以事实标准为基础，通盘考虑，在此基础上深化和完善，最终形成国家标准，类似于国外 IFC 标准。这其中最关键的还是国家制定标准的时机以及充分尊重市场的选择，避免制定的标准成为鸡肋或者利益的产物。先发展 BIM 标准，再发展 BIM 软件，是不切实际的想当然，要积极引导标准的形成，但软件发展当然要比标准快很多，事实上，软件行业基本上最后都形成工业事实标准。

（2）支持预制加工和建筑工业化（模板、钢筋下料、管道预制加工、PC 等）

预制加工，是一种制造模式，是工业化的技术手段，预制加工技术的推广，有助于提高建造业标准化与工业化及精细化管理的水平，为 BIM 软件的开发与 BIM 技术的扩大应用提供更广阔的市场。

相应地，BIM 技术也为预制加工技术和建筑工业化的发展提供了更佳的信息化技术手段。基于“面向对象”软件技术的 BIM 技术，可以更好地支持设计与加工之间的对接。

BIM 技术与预制加工技术之间的相互促进关系，可以预见二者的结合及普及将会有一个美好的未来。

通过 BIM 模型，可以获得预制加工所需要的精确的尺寸、规格、数量等方面的信息，模板、钢筋、管道、PC 混凝土构件等的预制加工，在 BIM 技术的支撑下将会越来越普遍。在整个装配式工程建筑过程，BIM 系统是最重要的管理支撑系统，将建筑业工业化大生产的大数据统一管理起来，支持构配件、物件，进度、资源计划、造价质量、安全管理，让建筑业与制造业十分相近，并最终实现规模化的个性化定制和工业化生产制造。

BIM 模型可以为数控机床等加工设备提供各类构件的精确的尺寸信息，实现自动化加工。尤其是幕墙与钢结构方面，涉及的金属异形构件较多，需要从 BIM 模型获取到精确的构件尺寸信息。

作为一项新技术，BIM 技术的发展和成熟需要一个过程，即使在初级阶段，BIM 已经有很多的应用与价值，未来值得展望的应用更多。相信，BIM 将成为建筑业的操作系统，未来的岗位和任务都将在基于 BIM 的系统上完成，BIM 将彻底改变建筑业。

（3）BIM 专业化发展

大土木工程专业类别众多，从房建、厂房、市政到钢结构、精装、地铁、铁路、码头、化工等，十分庞杂，专业区别十分巨大，房建是点状的，铁路是线状的，建模技术体系非常不同。不同的工程专业的工艺流程，管理体系也十分庞大，各专业要真正用好 BIM 技术，需要自己的专业 BIM 系统，因此，今后的 BIM 技术体系是非常庞大的，目前一些生产商试图用一个软件解决所有专业、工程的全

> 与物联网结合需要在设计阶段就开始介入，从项目立项开始考虑哪些智能机电设备与 BIM 模型进行关联，并且在设备选型的时候对设备供应商提出要求。

生命周期过程是不现实的。

各专业都拥有专业化非常强的 BIM 技术系统将是一个发展方向，与专业需求、规范，甚至是本地化深度结合，做出用户体验最好、投入产生最高的专业 BIM 技术体系。

（4）与物联网结合

物联网，是互联网技术（虚拟）与人们各种活动（现实）的融合，是虚拟与现实的融合。对于 BIM 来说，与物联网的结合，可以为建筑物内部各类智能机电设备提供空间定位，建筑物内部各类智能机电设备在 BIM 模型中的空间定位，有助于为各类检修、维护活动提供更直观的分析手段。

不过需要注意的是，与物联网的结合需要在设计阶段就开始介入，从项目立项开始考虑哪些智能机电设备与 BIM 模型进行关联，并且在设备选型的时候对设备供应商提出要求，包括开发设备数据接口，设备 BIM 模型等。

二维码与 RFID，都属于电子标签技术，被用来放置于物体以电子媒介的方式储存物体的信息，为各类信息化应用实施采集物体的电子信息提供便利。

对于 BIM 来说，在设计阶段建立好设计模型，并制定好施工计划后，在制造过程需要对模型的基本组成单元——建筑构件、机电设备及各类加工材料进行管理，这些建筑构件、机电设备及材料的采购、仓储、运输、加工、组装、进场、现场管理、安装，包括后期的维护，需要在作业现场实时采集各类信息来支持业务活动，二维码与 RFID 等电子标签技术能够满足这个需求。

随着建筑工业化的深入与 BIM 技术应用的深入，在建筑构件、机电设备及

> 建筑构件、机电设备及工程材料的采购、仓储、运输、加工、组装、进场、现场管理、安装及维护的业务与管理过程中，二维码技术与 RFID 等电子标签技术的运用将得到普及。

工程材料的采购、仓储、运输、加工、组装、进场、现场管理、安装及维护的业务与管理过程中，二维码技术与 RFID 等电子标签技术的运用将得到普及。

目前国内外已经有不少施工企业进行了这方面应用的尝试。甚至有企业专门为自己定制开发信息管理系统来支持基于电子标签技术的物资管理。但是市场上还没有专注于这个领域进行 BIM 软件产品开发的企业。软件产品是来自于实际需求的，随着更多的企业在这方面应用的增加，可以预见，会有专业的软件开发商来做这方面的产品开发。

（5）与 3D 打印结合

3D 打印技术在建筑制造中的应用，还会有很长的路要走，但是 3D 打印技术可以把虚拟的 BIM 模型打印成按比例缩小后的实体模型，为施工管理沙盘、各类展示、宣传活动提供帮助。

在上海已经有企业利用 3D 打印技术建造了实体样品建筑。随着技术的不断提升，后续 BIM 与 3D 打印相结合将成为建筑产业化的一种重要手段，特别在构件生产加工方面，其灵活性、快捷将发挥重要作用。

（6）与地理信息系统（GIS）结合向 CIM 发展

GIS 技术在建筑领域的策划与规划业务活动中的应用，已经很成熟了。比如商业设施的策划、城市景观的模拟、建筑物周边人流的模拟、交通便利性的模拟分析等，都会用到 GIS 技术。但是反过来，BIM 在 GIS 中的应用，则还不多见。这个和 BIM 成熟应用案例不多，无法为 GIS 管理系统提供足够数量建筑设施的 BIM 模型数据有关系。随着智慧城市的发展，利用“BIM+GIS”建设数字化城

24 小时打印建筑

2014 年 3 月 29 日，盈创建筑科技（上海）有限公司对外宣布成为全球第一家实现真正建筑 3D 打印的高科技企业， 在上海青浦张江工业园用全球最大的建筑 3D 打印机打印了 10 套房子。这个房子的建筑者就是一部高 6.6 米、宽 10 米、长 150 米的打印机。3D 打印建筑用的“油墨”其核心技术是以高强度等级水泥与玻璃纤维为主，依靠自主研发的打印机设备连续线性挤出式打印而成，与传统建筑无异，甚至比传统钢混建筑强度更强；空心的墙体不但大大减轻了建筑本身的重量，更使得建筑商在其空空的“腹中”填充保温材料，让墙体成为整体的自保温墙体；通过不同需求，可任意设计墙体结构，预留“梁”与“柱”浇筑的空间，一次性解决墙体的承重结构问题，从而使之在高层建筑中大显身手。盈创 3D 打印的“油墨”就是建筑垃圾的再利用，包括工业垃圾、尾矿等。

2015 年 1 月 18 日，盈创再次召开了以“3D 打印 新绿色建筑”为主题的全球发布会，向世界宣布盈创打印出了全球最高 3D 打印建筑“6 层楼居住房”和全球首个带内装、外装一体化 3D 打印“1100 平方米精装别墅”。

发布会上，盈创宣布与中铁二十四局成立合资公司，以资本和技术为纽带结成“混合所有制”战略联盟。盈创成为中铁二十四局业务布局的工程技术研发核心，双方共同合作在中国及境外地区，建立 3D 打印梦工厂。

市越来越需要拥抱 BIM 来获得海量的城市建筑设施模型数据。

上海市早在 2013 年就出台相关文件，要求利用 BIM 技术来进行项目审核，在方案阶段，通过提交的三维 BIM 模型与 GIS 相结合，可以更有效的评估新建建筑对周边环境以及公共建筑的影响，而且随着 BIM 模型的增加，智慧城市的概念也不难实现。

（7）与管理软件（ERP /PM）有较好的集成

目前的项目管理软件（PM）和企业信息化管理系统（ERP），缺乏工程基础数据源，导致很多必需的工程基础数据需要采用人工录入的方式来采集，难以保证数据的准确性、及时性、对营销和可追溯性（基础数据四性），同时由于手工录入的低效，导致面临数据匮乏的问题。BIM 模型，可以为项目管理软件 PM

与企业信息化管理系统 ERP 提供建筑物模型信息及过程信息，可以有效解决上述问题。BIM 系统的强项在于基础数据的创建、计算、共享应用，ERP 的强项在于过程数据的采集、整理、分析应用，管理上根本问题只有两个：该花多少钱（材料），用了多少钱（材料）。

此外，鲁班软件的 BIM 系统，为 PM/ERP 软件厂商开放了数据端口，并与新大中等 PM/ERP 信息化厂商建立了战略合作伙伴关系，实现了数据的对接。

上海中心项目上，上海安装工程集团有限公司采用了鲁班 BIM 相关软件与“上安施工项目管理系统”（PMS）通过合作开发的数据接口实现了一体化的管理应用（图 6-5）。

随着施工企业运用 BIM 技术、项目管理软件（PM）与信息化管理系统（ERP）的深入，三者之间数据的打通和系统的集成方面的需求会愈加迫切，应用也会越来越成熟深入。三者深度集成应用，将推动建筑企业信息化达到最高境界。

（8）与施工现场管理有较紧密的结合

这里列举一些施工现场管理方面值得期待的 BIM 应用项目：

三维扫描技术的应用。通过三维扫描技术获取现场的点云建筑模型，与 BIM

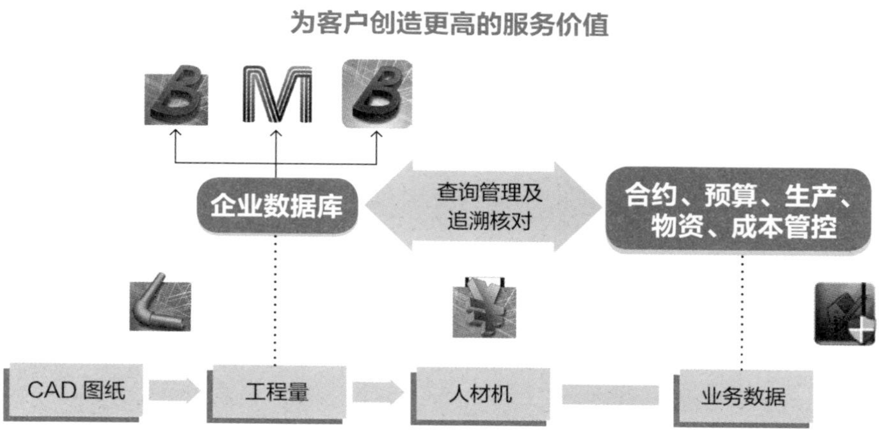

图 6-5　上海中心项目 BIM 与 PMS 系统对接应用流程

BIM 模型可以为数控机床等加工设备提供各类构件的精确的尺寸信息，实现自动化加工。

模型作对比，来进行施工质量方面的监控。

物资的进出场与堆放管理。为了提高施工场地空间的利用效率，需要结合施工进度计划对物资的进出场和堆放进行管理。

施工现场的质量管理与安全管理。为了提高项目部、监理及业主方对施工现场的质量管理与安全管理的能力，需要建立管理制度定期将现场的情况（比如现场采集的图片）与 BIM 模型进行挂接，项目部、监理和业主方通过 BIM 模型浏览器可以快速直观地观察了解到施工现场的情况，提高了质量管理与安全管理工作的效率与质量。

（9）BIM 与 VR、AR 直接对接

近期 VR、AR 技术取得较大突破，成为 VC、PE 投资热点领域。VR、AR 应用已延伸至房地产、建筑业，并将成为 VR、AR 最重要的应用领域。目前 BIM 与 VR、AR 设备连接还需要中间件（往往是游戏引擎）转换格式，预计很快直接连接将会实现，即实现连上设备即可在 BIM 中实现沉浸式虚拟漫游。

BIM 与 VR、AR 的结合，价值相当巨大，给设计方案的体验、选择、修改带来极大的技术提升，目前大量的建设周期成本浪费在方案审核、选择没有充分的技术手段，导致过程中大量修改。

在开发商房地产项目营销过程中，大幅提升购房体验，可以很大程度上取代样板房的功能，这样每种房型都可以有样板房了。

精装工程中，设计师与用户的方案交互，VR 解决方案将效果、特性提供沉浸式体验，尽量不留下遗憾。

建筑业信息化新时代图景

建筑业逐步实现数字化、网络化、智能化，通过产业融合与创新，实现建筑产业价值链优化再造，形成新的协同产业大平台。

建筑业是产品最大的行业，也是数据量最大的行业，同时也是数据最难处理的行业，却也是最没有数据的行业。建筑大产品无法数字化，行业的信息化、互联网化也就无从谈起。但随着互联网技术、BIM 技术以及其他信息技术的发展成熟，建筑业信息化将面临巨大的改变。“BIM+ 互联网”改变建筑业。

建筑业逐步实现数字化、网络化、智能化，通过产业融合与创新，实现建筑产业价值链优化再造，形成新的协同产业大平台。可以展望未来 5 ~ 10 年里，建筑行业信息化的新图景。

产业结构：较少的总承包企业，大量的专业化配套服务企业，产业开始生态化竞争。

生产方式：工业化生产比例快速提升，发展出可用的工业化生产运营系统（基于 BIM 的 PC 生产运营系统），设计模块化、互动体验加强；设计完成后，自动下单工厂生产；配送、物流与进度相匹配；现场吊装，现浇率极少；具备全部设计建造数据的模型可用于后期的运营维护、城市管理等。

建筑工人数量大规模减少，主要为产业工人，在工厂工作，操作电脑；少量在现场吊装。工厂中以机器人为主。

承包方式：PPP、工业化生产促使工程总承包 /IPD 成为主流模式。PPP 将成为政府公建项目主流模式，既能预防政府债务的扩展，也控制了政绩工程大量产生，工业化使市场集中度快速拉升。

企业管理 / 工作方式：小前端、大后台；大后台是基于 BIM 的互联网数据库；小前端是各类终端以及大量基于 BIM 的项目管理任务 APP。

预计未来 5 ~ 10 年资质管理放松，大量高科技企业进入建筑领域。

前端有少量安装及管理人员，配智能手持终端，各类项目管理任务的 APP，指导生产，随时向上汇报等；管理人员利用互联网可了解、监控所有项目现场情况；项目集约化经营，规模效应显著。企业供应链系统类似于制造业供应链。

企业间协作关系加强，对于价值链上企业的协同性更强。生产计划直接与上下游的 ERP 相关。

时空受限少，办公移动性强。

电子商务：建筑业务网络交易开始快速兴起，随着营改增时代的到来，透明化被倒逼拉升。越来越多交易在网络上进行，包括招标投标、建材交易；并衍生大量基于互联网的建筑业配套服务性产业，如基于互联网的建筑金融服务、基于互联网的工程保险服务、基于互联网的数据服务等。

大量的数据保存在互联网上，形成建筑业的大数据平台。

互联网金融：随着 PPP 项目大量实施，和政府吸引民间投资进入基础设施领域力度加大，互联网金融将通过强大的众筹能力，在民间资本筹集方面起到强大的作用。

行业管理：资质管理放松，大量高科技企业进入建筑领域；政府基于 BIM 的统一管理平台，项目审批、竣工备案等必须提交三维模型；重大工程的基于 BIM 的进度、成本管理、行业协同。

“BIM+ 互联网”改变建筑业，必将成为现实。

从 BIM 到 CIM

CIM 是城市维度的 BIM，是未来智慧城市应用的基础。

BIM 已经是建设行业最受关注和重视的技术，承担着改变建筑业转型升级的重要使命。从理论和实证来看，“BIM+ 互联网”改变建筑业，已无悬念。

与此同时，随着智慧城市建设成为政府的重头戏，一个更宏大的技术概念——CIM（City Information Modeling，城市信息模型）将开始兴起。从前 20 年智慧城市的建设经验来看，建设智慧城市要从将城市数字化，或建成一个数字化的城市开始，否则，大量的智慧城市应用无法展开，或应用不够深入，价值受限。

CIM 的定义

（1）城市细胞数据库

CIM 的概念和定义包括多层含义：

CIM 是最基础的城市数据库。

一栋建筑可谓是城市的一个细胞，细胞里面还有大量的数据和信息，是一个城市运维不可或缺的。因此，一个仅靠激光扫描形成的 3D 轮廓城市建筑模型就很有局限，数据量远远达不到城市运维的目标。这个必须靠 BIM 数据库才能实现，数据细度可细到建筑内部的一个机电配件、一扇门。

从一个整体城市视图，可以快速定位到一个园区、一栋建筑，便可快速查找到一栋建筑的里面获取所有相关数据。

（2）可计算

城市级数据实现可计算，才能产生高价值应用。例如，框定一个街区，立刻可以计算出该街区内有多少栋楼，多少建筑面积，容积率多少，有多少人口，有多少家单位，拥有多少车辆等城市运维所需的大量数据。

城市是生命体，建筑是细胞，从 BIM 到 CIM，应该是一个从细胞到生命体之间的变化。

——同济大学副校长 吴志强

（3）定义城市和建筑的空间数据

BIM+GIS 将城市的空间数据库进行了准确的定义。CIM 不仅将城市基础设施的详细数据库建立起来了，而是形成了一个城市空间数据库，利用这个城市空间数据库，可关联上所有城市机关数据库，解决城市信息孤岛的问题。当前很多互联网模式是基于位置的新经济，但都是基于 2D 的。CIM 将位置经济拉升到 3D 时代，将产生无限商机，实现了位置经济的大提升。人有两种状态，一种是去一栋建筑的路上，一种是在一栋建筑里。GPS 技术（GIS 数据库）已经成功地精确定位了人的第一种状态，但第二种状态下（即在一栋建筑内），现有技术还无法准确定位，导致许多重要应用无法实现。BIM 为室内定位提供空间支撑数据库，是解决这一问题不可或缺的关键技术。

（4）所有城市应用数据库与 CIM 相关联

人口、教育、城管等所有相关应用数据都可以与 CIM 相关联（图 6-6），获

图 6-6 无数的智慧城市应用需要 CIM 支撑

得更高的城市运维效率，成本也将更低。现在的各领域数据库由于与 CIM 数据库没有关联，应用价值无法充分发挥，许多重要应用无法实现。

（5）城市可视化

可视化可以提升城市运维的效率和管理体验。

实体建筑和城市设施可视化仅是一个方面，所有物联网过来的数据都是可视的，与 CIM 是对应的。

（6）可感知

所有的物联网数据与城市空间关联，数据可视化，运维快速高效化。数据发生在哪里，一目了然，即时感知。设定好数据控制参数值，实现自动提醒和报警，以防止严重问题的发生。

（7）开放性

经过授权，可以让相关部门和人员使用，产生社会和经济价值。

（8）安全性

安全性相当重要，对数据的所有利用都需要监控，以免被恶意利用。

CIM 将为智慧城市带来巨大的价值。

· 可视化、数据化城市运维支撑系统；

· 自动感知能力大幅提升；

· 提升快速反应能力；

· 为所有城市领域的智慧运营提升基础数据库；

· 城市大数据承载平台。

智慧城市的核心基础技术架构：GIS+BIM+ 物联网

城市的运维一定是基于地点和空间位置，数据发生在城市何地是相当关键的，才能进行应对。

安全保卫、突发事件应急处理、资产管理、防灾救灾等无一不与地点高度相关，不仅与平面地点，也与空间位置有关，大量城市运维是需要空间位置定位，这就需要“GIS+BIM+ 物联网”的城市空间数据库。

物联网是获取运营数据的手段，物联网建立设备与设备的连接，而建筑物内的设备数量是最多的。

“GIS+BIM+ 物联网”将成为智慧城市建设最基础的技术架构（图 6-7），这个体系建设好了，智慧城市的各项建设工作将事半功倍，反之，将事倍功半。

CIM 建设的可行性

目前的 CIM 建设技术已无大的问题，成本也已经非常低廉，大规模建设可以控制在 5 元每平方米以内。成本不会成为障碍，主要是城市管理者的意识提升。

CIM 的建设主要是要将 GIS、BIM、物联网技术做好集成。特别是当前 BIM 数据库，GIS 数据库已经到比较成熟的阶段，做好集成即可。

政府应开始行动，大力建设 CIM 平台

政府已在投巨资进行智慧城市的建设，如果先大力抓 CIM 的建设，投资收益将多倍增加。

政府可以开始制定 CIM 建设的规划和步骤，启动的条件已基本具备。

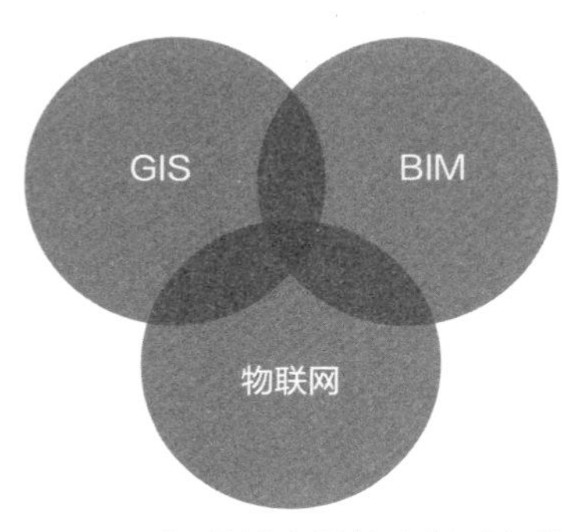

图 6-7　智慧城市的核心基础架构

同行眼中的《BIM改变建筑业》：

BIM 技术的广泛应用使我国工程建设逐步向工业化、标准化和集约化方向发展。杨宝明博士及其带领的鲁班软件，是我国 BIM 技术研究、应用、推广的一支重要力量。《BIM 改变建筑业》一书中，杨博士从企业战略管理、项目管理落地的方向对于 BIM 技术的研究鞭辟入里，高屋建瓴又兼具实操性；笔锋犀利，观点鲜明，风格独树一帜，是建企管理者应用 BIM 技术前值得花时间去品味和研读的一本佳作。希望这本书的出版，能够帮助更多的企业家和管理者从中汲取灵感、智慧与力量，让中国的建筑业迎来一轮新的飞跃。

——中国建筑学会 副秘书长 顾勇新

两个原因决定本书值得一读：其一，杨宝明博士是业内为数不多对建筑业信息技术应用有整体认识和深入实践而又愿意公开跟同行分享的专家；其二，书中内容为杨博士原创，这在拷贝和粘贴非常方便随处碰到熟面孔文字的今天也不是每本书都能做到的。

——广州优比建筑咨询有限公司 CEO 何关培

鲁班软件带给我们的不仅仅是 BIM 技术本身，更主要的是对建筑业发展方向的深入思考，对各环节相关方管理模式和手段的创新。杨宝明博士作为鲁班软件的总架构师，为鲁班软件发展规划明确了服务方向，提升了理论高度，引领了行业潮流；同时以开放的心态，细心倾听用户的心声，在 BIM 技术落地生根、开花结果作出了突出的贡献。

——中建二局第一建筑工程有限公司 BIM 工作室 主任 张国辉

鲁班——做工程建造阶段的数据专家。这是我看到的国内基于 BIM 商业模式描述最清晰的一句话，“工程建造”讲明了阶段，“数据”讲明了核心，“专家”讲明了愿景。期待鲁班成为国内工程管理咨询的高端旗舰品牌！

——北京建谊投资发展（集团）有限公司 副总裁 刘立明

BIM 数据库是各信息系统应用的基础，有了 BIM 才真正实现了传统建筑行业工作方式的改变：“小前端，大后台”把项目部变革成为一个纯粹的执行节点，因为项目管理人员几乎所有的指令都来自于后台的数据中心；有了 BIM 才真正把建筑业管理思维从“2D”转变成为“3D”立体的方式：信息流从设计传承到运维、每一个阶段都是一个可控的过程、从全生命周期来考量建筑的 TCO 和 ROI 等。BIM，让未来就绪。

——上海市安装工程集团有限公司 信息总监 徐新

杨宝明博士是行业的 BIM 专家，对于行业管理、企业战略管理、BIM 技术应用方面都有较深的研究。我公司在多个项目中应用鲁班 BIM，对于项目管理的提供确实有不少帮助，是未来的发展方向。也希望能借助“BIM+ 互联网”的能力，突破企业管理的瓶颈，实现更高的利润与价值。相信杨博士的这本《BIM 改变建筑业》能给中国施工企业的 BIM 应用带来重要的启发。

——上海南汇建工建设（集团）有限公司 总经理 杨永平